山东省旅游用地
生态敏感性研究

田 敏 / 著

中国海洋大学出版社
·青岛·

图书在版编目（CIP）数据

山东省旅游用地生态敏感性研究 / 田敏著 . —青岛：
中国海洋大学出版社，2019.6

ISBN 978-7-5670-2202-7

Ⅰ . ①山… Ⅱ . ①田… Ⅲ . ①旅游地—环境生态评价
—研究—山东 Ⅳ . ① X321.252

中国版本图书馆 CIP 数据核字（2019）第 081534 号

出版发行	中国海洋大学出版社			
社　　址	青岛市香港东路 23 号		邮政编码	266071
出 版 人	杨立敏			
网　　址	http://pub.ouc.edu.cn			
电子信箱	3987667@qq .com			
订购电话	0532-82032573			
责任编辑	王积庆	电　　话	0532-85902349	
印　　制	蓬莱利华印刷有限公司			
版　　次	2019 年 6 月第 1 版			
印　　次	2019 年 6 月第 1 次印刷			
成品尺寸	170mm×230mm			
印　　张	10.25			
字　　数	152 千			
印　　数	1—1000			
定　　价	49 .00 元			

发现印装质量问题，请致电 0532-85662115，由印刷厂负责调换。

前　言

　　山东省具有利于旅游发展的优越条件和基础，其地处黄河下游，位于我国东部沿海地区，区位优势显著。生态环境多样化和自然旅游资源丰富是山东省旅游发展的重要特点。本书以山东省为研究对象，从旅游地经济因子、旅游接待因子、人力支撑因子三个方面构建了山东省旅游综合实力测评指标体系，运用层次分析法、熵值法等测算了 2006～2016 年山东省旅游综合实力测评，在此基础上分析了山东省旅游业发展现状、旅游产业分布，并通过旅游土地产出率的测算分析了山东省各地市土地利用情况，测算结果显示：部分地区旅游土地产出率低，土地利用粗放，利用效率低；部分地区旅游土地产出率高，旅游发展前景好但土地供应不足，生态压力较大。旅游开发和发展过程中的生态价值，不是生产要素本身带来的，而是环境带来的生态机会或者说是生态红利。因此，在未来的旅游发展中应基于其生态现状科学地加以利用，实现旅游的可持续发展。

　　本书根据山东省经济和旅游发展现状，以山东省 137 个县（区、市）为最基本的研究单元，运用生态敏感性评价法，遵循科学性、合理性及一致性的评价原则，选取自然生态和社会经济作为分析因子，结合山东省的自然生态和社会经济数据，自然生态因子选取高程、坡度、坡向、水域、植被覆盖和降水作为评价指标，社会经济因子选取道路和土地利用类型作为评价指标，构建了山东省旅游生态敏感性指标体系。利用 GIS 和 RS 技术，基于遥感影像、矢量及栅格数据等地理空间数据，进行空间分析和数据处理。使用 ArcGIS 地理信息系统软件，首先对选取的八个评价指标进行单因子评价，单因子分析可以表达指标与研究区的关系紧密程度，通过属性数据的空间分析可以得到该指标对研究区域的影响效果。但是，由于单一指标属性表达的局限性，无法综合体现山东省整体生态敏感性状况，因此，利用加权叠加法，在单因子分析的基础上整合八个评价指标对山东省进行综合生态敏感性分析，进而得到生态敏感性等级分布图。

研究结果表明，山东省生态敏感性处于中等水平，从整体来看，高度敏感、较高敏感和中度敏感区域呈圈层状分布；低度敏感区主要以城镇集中地为主。其中，高度敏感区占山东省总面积的 8.63%，主要分布在鲁中山区和鲁东丘陵地区，在湖泊和部分沿海地区也有分布；较高敏感区占 9.65%，主要分布在鲁中山区和鲁东丘陵地带的周边，该区域有大量的高、中覆盖度草地，在湖畔水坑的周围也有分布，较高敏感区紧邻高度敏感区，分布较为分散；中度敏感区占 40.91%，以草地和园地为主，主要分布在鲁西北平原、鲁西南以及鲁中的部分地域，沿城市及鲁中地区海拔较高的山区呈扩散式分布，在莱州湾和渤海湾的沿海地区分布较少，鲁东地区地形以山丘为主，较大面积的园林、草地呈零散分布；较低敏感区占 30.04%，以耕地为主，主要分布在鲁西北平原、鲁西南以及鲁中的部分地域，鲁西北、鲁西南地区分布较为均匀，鲁中地区的潍坊市和东营市有较大密度的分布，山地地区分布稀疏；低度敏感区占 10.78%，集中分布在鲁西北平原、鲁西南及沿海地区，渤海湾及莱州湾的沿海地区连片分布、其他地域低敏感性区域以"簇"状零散分布为主。将山东省 16 地市及 137 个县（区、市）根据旅游产业发展水平与其生态敏感性现状进行叠加分析，得到山东省各地市"旅游＋生态"分布矩阵和各县（区、市）的"旅游＋生态"分布矩阵。并基于生态敏感性分析的结果同时结合土地利用类型地域分布实际情况，按照旅游业发展环境的生态特征将山东省按县级行政区单元划分为四类旅游生态空间类型，即旅游生态保护类、旅游生态限制类、旅游优化开发类、旅游重点开发类，这有利于指导山东省旅游开发与健康发展，进一步实施区域管控、完善保障政策、坚持统筹发展、加强理念培育等对策，为山东省旅游开发与健康发展及生态环境保护提供了理论依据和实践路径。

目录

第五章　山东省旅游生态空间敏感性分析

第六章　山东省旅游生态空间地域类型及其特征

第七章　结论与展望

第一章 绪 论

一、研究背景、目的及意义

（一）研究背景

首先，党的十八大报告将生态文明建设纳入中国特色社会主义"五位一体"总布局，提出必须树立尊重自然、顺应自然、保护自然的生态文明理念；围绕"加快生态文明建设，提升国家国土空间治理能力和效率"目标出台了《中共中央、国务院关于加快推进生态文明建设的意见》等一系列政策，贯彻党的十八大要优化国土空间开发格局，促进生产空间集约高效、生活空间宜居适度、生态空间山清水秀，给自然留下更多修复空间，给农业留下更多良田，给子孙留下天蓝、地绿、水净的美好家园精神。党的十九大正式提出要努力建设美丽中国，实现中华民族永续发展。《国家新型城镇化规划（2014—2020 年）》指出："合理划定生态保护红线，扩大城市生态空间在城镇化地区建设绿色生态廊道。"《生态文明体制改革总体方案》明确提出"健全国土空间用途管制制度，将用途管制扩大到所有自然生态空间"的改革任务。《第三次全国土地调查总体方案》于 2018 年 1 月 11 日由国土资源部公开发布。在内容上，第三次全国土地调查内容增加至 12 个一级类 55 个二级类，重点加入了重点生态功能区、生态环境敏感区和脆弱区内水流、森林、山岭、草原、荒地、滩涂等自然资源范围内的土地利用状况，支撑生态文明建设。开展第三次土地调查，是促进耕地数量、质量、生态"三位一体"保护，是实现节约集约利用国土资源的重要保障。旅游业应秉承"绿水青山就是金山银山"的理念，重视旅游生态空间结构的研究，对不同的地域生态空间类型进行合理规划和开发,在保证生态环境稳定的同时,保持旅游业健康良性可持续发展。

其次,旅游业高速发展,经济带动作用明显,产业关联度高,资本对旅游业的投资热情高涨,旅游业发展对用地空间需求增大。根据文化和旅游部统计数据,2017 年全国旅游收入为 5.40 万亿元,2018 年伴随着文旅融合发展的局面,国内旅游市场持续高速增长,实现旅游总收入 5.97 万亿元,旅游业对 GDP 的综合贡献为 9.94 万亿元,旅游直接和间接就业 7991 万人,占全国就业总人口的 10.29%。旅游业的高速发展为经济的发展做出了突出的贡献,旅游产业的各种利益相关群体都以高度的热情投入旅游开发中来。然而旅游开发过程中盲目追求土地的商业价值,轻视甚至忽视土地的生态价值和环境价值的现象层出不穷。土地是旅游发展的依托,也是旅游项目开发的重要载体。当前旅游项目开发过程中对土地的大量需求和使用也引发不少旅游用地的"短视"性问题,只追求经济效益,而不关心旅游发展可能会带来的负面效应。特别是在旅游规划和开发建设的过程中,因不能充分考虑当地生态敏感性,忽视不同区域的环境承载力和旅游容量,未充分考虑区域协调融合的旅游发展问题,致使许多旅游项目不仅不能产生应有的经济效益并且对当地生态影响较大,人地不能和谐发展,导致项目所在地用地的良性可持续发展受到破坏。因此,欲求旅游业健康良性可持续发展需把握旅游发展中的土地空间结构问题,这既是重大的现实问题,也是学者们在研究过程中不能绕开的理论问题。

再次,国家重视旅游业发展,积极拓展旅游业发展空间,在这一过程中更加重视旅游业的健康可持续发展。近年来出台了一系列拓展旅游发展空间和促进旅游业可持续发展的政策,规范旅游业发展过程中的用地空间问题,并促进旅游用地生态健康可持续发展。2014 年 8 月,国务院印发的 31 号文件《关于促进旅游业改革发展的若干意见》和 2015 年国土资源部联合住房城乡建设部、国家旅游局印发的《关于支持旅游业发展用地政策的意见》(国土资规〔2015〕10 号)提出提高旅游用地市场化配置和节约集约利用水平。随着我国旅游业的快速发展,旅游用地的研究内容越来越广泛,逐渐成为我国学者关注的重点领域。2016 年 9 月,国家发改委出台《全国生态旅游发展规划(2016—2025)》,将全国生态旅游发展划分为八大片区,明确功能定位和发展方向，打造生态旅游精品，探索人与自然和谐共生的可持续发展模式，对我国生态旅游空间结构研究提出了新的要求，也提供了深入研究的契机。

最后，山东省旅游资源禀赋良好，旅游发展相对完善和成熟，但存在旅游业发展对土地采用掠夺式、粗放型开发利用的问题。山东省作为国家新旧动能转换重大工程示范区，地处我国东部沿海，黄河下游，地理位置独特，地形地貌和生物物种多样化，区域内自然旅游资源和人文旅游资源丰富，旅游发展资源优势较为明显，旅游业具有较强的发展优势，是国内旅游业中发展相对比较完善和成熟的区域。多样化的生态环境和蜚声中外的人文及自然旅游资源是山东省旅游发展的重要基础和支撑。在这样的资源禀赋背景下，山东旅游业发展迅速，自 2008 年推出高度融合山东传统文化元素以及现代设计动向的"好客山东"标识至今，其品牌价值到 2017 年已达 400 亿元。2017年以来，山东省加快实施新旧动能转换重大工程，推进精品旅游发展，2017 年，山东省旅游消费总额 9200.3 亿元，接待境内外游客 7.8 亿人次，旅游产业实现高质高效发展。2018 年 8 月，山东省政府印发了《山东省打好自然保护区等突出生态问题整治攻坚战作战方案（2018—2020 年）》，提出要重点改善当前山东省自然保护区面临的生态问题。因此，对山东省旅游业发展用地空间环境承载力和可持续发展研究成为有吸引力的研究领域。本书在对山东省旅游业现状进行梳理和对旅游业的生态敏感性进行研究的基础上，提出山东省在旅游发展的过程中要高度重视生态空间的敏感性并对山东省生态空间的地域类型和特征进行研究，提出山东省旅游生态发展的对策，从而实现旅游的可持续发展。

（二）研究目的

旅游生态空间通常指生态环境质量高、资源异质性好的空间区域，一旦受到人类活动或自然活动的破坏将很难快速有效的恢复。因此，旅游生态空间的敏感性评价工作尤为重要，其评价结果可作为区域旅游规划与管理的重要判断依据，同时，依据旅游生态空间敏感性等级划分所进行的保护发展工作也决定了旅游生态环境质量的高低，这对保护旅游发展所依存的总体生态环境起到关键性作用。

本书基于以上研究目的和背景，选取山东省为研究区域，以山东省137个县（区、市）为基本书单元，通过梳理国内外相关研究成果，分析山东省旅游业发展现状、旅游产业分布以及土地利用状况；采用 GIS、RS 技术与多因子评价相结合的方法，对山东省旅游生态空间敏感性进行评价分析，并按生态敏感度的高低将山东省分为高敏感区、较高敏感区、中度敏感区、较低敏感区以及低敏感区；根据敏感性评价结果，结合各类用地空间格局分布的实际情况，进行旅游生态空间类型划分，并研究山东省旅游生态空间结构发展对策，以期为山东省生态环境保护、旅游空间优化布局、旅游业健康持续发展提供参考。

（三）研究意义

1. 理论意义

近年来，人们对可持续发展、生态环境保护和资源的永续利用及人与自然和谐相处的呼声越来越高，因此，在区域旅游开发与规划时，应立足环保理念，注重对环境的保护和资源的永续利用。本书从敏感性的角度，遵循生态因子选取的科学性、合理性及一致性原则，基于自然生态因素和社会经济因素，选取了山东省生态敏感性评价因子；根据山东省的地域和生态特性，采用 GIS、RS 等技术获得了山东省旅游生态空间敏感性空间分布数据，该结果为山东省旅游业空间合理布局、科学持续发展提供理论依据。

2. 实践意义

生态环境的敏感性评价对于旅游生态空间具有重要的生态保护意义。[1]旅游生态空间的敏感性评价工作，对保护旅游发展所依存的总体生态环境、进行科学合理的旅游规划与管理具有重要的实践意义。本书从自然生态环境与社会经济发展的角度出发，进行山东省旅游生态空间敏感性评价因子的选择，分析各个系统对环境问题及人类活动的反应，评价出山东省生态敏感性等级，得到各区域生态敏感程度。并依据敏感性评价结果提出在合理保护各要素的前提下，进行旅游开发和规划的具体措施或方法，这为山东省旅游生态空间的划分、保护、防治以及制定生态环境治理保护的决策提供了可靠依据，也为生态旅游资源的合理开发和可持续利用提供了有意义的参考，更为山东省旅游生态空间科学合理布局、健康持续发展的政策制定提供了有效的借鉴。

二、研究内容与技术路线

生态环境较脆弱和自然旅游资源丰富是旅游生态空间的重要特点。在旅游开发中，生态敏感性对旅游生态空间发展的规模和方式产生影响，旅游生态空间发展策略应建立在生态敏感性评价的基础上。以旅游资源丰富的山东省为例，选取高程、坡度、坡向、水域、植被覆盖、降水、道路、土地利用类型等作为生态敏感性的评价指标，运用 GIS 技术，采用因子加权叠加法，得到山东省综合生态敏感性空间分布情况。在此基础上，根据不同生态敏感区的实际情况提出相应的旅游生态空间结构发展措施，为山东省旅游开发与健康发展及生态环境保护提供理论依据和实践路径。

（一）研究内容

第一，山东省旅游发展与旅游产业空间分布状况研究。系统分析山东省旅游业发展现状、旅游产业分布以及土地利用状况，并通过旅游土地产出率测算分析了山东省各地市土地利用情况。

第二，山东省旅游生态空间敏感性指标体系构建。基于自然生态因子和社会经济因子，选取高程、坡度、坡向、水域、植被覆盖和降水作为生态敏感性评价指标，使用 AHP 层次分析法计算权重，构建山东省旅游生态敏感性指标体系。

第三，山东省旅游生态空间敏感性分析。对数据进行预处理，使用 ArcGIS 地理信息系统软件空间叠加分析，进行单因子生态敏感性分析及生态敏感性综合分析，得到山东省旅游生态敏感性等级分布图。

第四，山东省旅游生态空间地域类型及其特征。根据生态敏感性评价结果并结合山东省土地利用类型、地域分布及旅游业发展环境的生态特征，进行山东省旅游生态空间类型划分。

第五，山东省旅游生态发展对策。在对生态敏感性分析的基础上，根据旅游生态空间地域类型及特征，对山东省旅游生态发展提出切实可行的对策与建议。

（二）技术路线

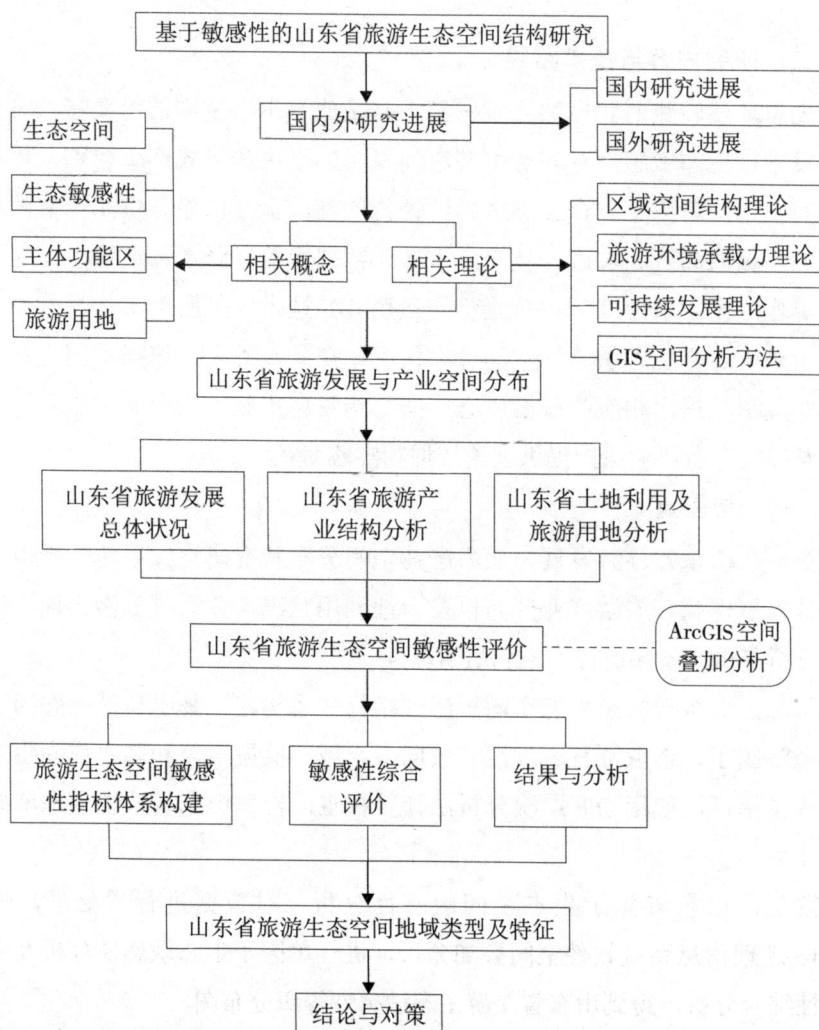

图1-1 技术路线图

三、研究方法

本书在对山东省旅游发展、山东省旅游产业用地现状及旅游生态空间分布状况研究的基础上，主要利用地理空间研究技术，实现对山东省旅游业生态敏感性空间结构分析，在进行生态敏感性指标体系的建立与综合分析过程中，评价因子的选取和评价指标的权重确立是重点。基于本书的研究目的，研究方法大致可以分为文献研究与实地调研法、系统分析法、数理统计分析、主观判断法与专家评价法、有删除层次分析法等。

1. 文献研究与实地调研法

通过查找国内外文献资料，熟悉、了解国内外生态敏感性分析及生态空间等研究进展，为后续研究工作提供支撑。在文献调查法的基础上结合实地调研，广泛收集研究区的自然条件、社会经济状况、土地利用状况、基础设施等基础资料，为后面的实证分析和定性、定量分析方法做准备。

2. 系统分析法

基于系统学分析思想，以旅游学、空间地理学、区域经济学、社会学等多个学科的相关理论为基础，通过搜集、整理各类文献数据资料，对旅游生态空间、生态敏感性、GIS 应用技术的相关研究进行认真的归纳和研究动态的判断把握，采取规范和实证、定量与定性等相结合的方法，对山东省旅游经济发展现状和基于生态敏感性的山东省生态空间状况进行系统分析。

3. 数理统计分析

基于数理统计方法，分析山东省旅游业发展综合实力、旅游产业分布，并测算山东省旅游土地的产出率。

4. 主观判断法与专家评价法

主观判断法依靠人们的能力和积累的经验进行定性分析，具有一定的灵活性。但是不同评价人对同一组数据进行判断得出的结论可能不同，这种方法需要评价人具备丰富的专业知识与实践经验。[2] 专家评价法是评价人（或特邀专家）根据专业调查资料和丰富的实际经验，通过科学的分析和理性的思考，给出评价指标的权重值。该方法的正确性取决于评价人的实际经验，一般来说，为了避免评价的偏见和局限性会有多位专家参与评定。该方法简单易行但缺少定量计算。[3]

5. 层次分析法

利用层次分析法构建山东省旅游生态空间敏感性指标体系。20 世纪 70 年代中期，美国运筹学家托马斯·塞蒂（T. L. Saaty）结合定性与定量的分析方法，发现了同时拥有层次化和系统化的分析方法，并提出了层次分析法（Analytic Hierarchy Process, AHP）。该方法是把复杂问题中各个因素的相互关系的有序层次通过划分使之清晰条理化，基于实际情况和客观事实定量表示每一层次的相对重要性，采用数学方法对每一层全部元素的相对重要性次序的权值进行确定，然后通过排序进行分析问题、解决问题的一种定量和定性相结合的方法。该方法的基本思路是根据各个因素之间的关系将其从高到低分成不同等级的若干个层次，在不同层次因素之间建立相互关系。根据比较同一层次不同因素的相对重要性的结果，决定层次中各因素重要性的次序，以此作为决策依据。层次分析法在生态系统评价中的应用主要是因素的确定和权重的确定。确定权重的步骤有如下几个。[4]

（1）建立层次结构与判断矩阵。经过对问题的初步分析，将问题分解成不同因素并依据因素之间的关系将所有因素分为不同类型，每一个类型是一个层次。层次的排序方法分为最高层、若干中间层以及最底层，在上下层元素之间标明联系，形成一个层次结构，层次之间还能建立子层次。所形成的层次结构采用层次结构图表示。

然后，需要建立层次分析法中关键的一步——构造判断矩阵。其作为层次分析的起始点，假设第一行中的 B_1, B_2, ..., B_n 与第一列中的 B_1, B_2, ..., B_n 存在相关性，其判断矩阵的形式如表 1-1 所示。

表 1-1 层次分析法构造判断矩阵形式

A_k	B_1	B_2	......	B_n
B_1	B_{11}	B_{12}	......	B_{1n}
B_2	B_{21}	B_{22}	......	B_{2n}
......	......	......	......	......
B_n	B_{n1}	B_{n2}	......	B_{nn}

其中，对于元素 A_k 的评价因子 B_i 相对于 B_j 的重要性以比值的形式表示，即为元素 $B_{i,j}$。判断矩阵的数值是分析者根据已有的客观数据、咨询专家意见综合分析得出的，矩阵的质量可以通过计算其一致性进行检查。

（2）层次排序与总排序。层次单排序是通过判断矩阵计算本层次中某一因素与上一层次中相关因素的重要性权重值。层次单排序可以总结为计算判断矩阵特征值与特征向量的问题。例如，矩阵 B 的计算满足公式：

$$B \cdot W = \lambda i_{max} \qquad\qquad (1-1)$$

式中，λ_{max} 是 B 的最大特征值，W 是判断矩阵 B 的特征向量，W 的分量 Wi 是相应元素单排序的权重。未检验判断矩阵的一致性，需要计算一致性指标 CI 和 CR：

$$CI = (\lambda_{max} - n) / (n - 1) \qquad\qquad (1-2)$$

$$CR = CI / RI \qquad\qquad (1-3)$$

式中，RI 是平均一致性指标。判断矩阵具有一致性的依据是 RI 计算的结果小于 0.10，否则需要进行调整。

层次总排序是利用同一层次中所有层次单排序的结果计算，对于上一层来说本层次中所有的元素的权值，得到众多某一层元素对于总目标的组合权重以及它们与上层元素的相互影响。层次总排序是归一化正规向量。假设上一层元素 A_1，A_2，...，A_k 的排序已完成，得到的权重是 a_1，a_2，...，a_K，那么其中 a_i 对应的本层次元素 B_1，B_2，...，B_n 排序的结果是 b_{i1}，b_{i2}，...，b_{in}。层次总排序如表 1-2 所示。

表 1-2 层次排序结果

A 层	A_1	A_2	......	A_k	B 层次 总排序
B 层	a_1	a_2	......	a_k	
B_1	b_{11}	b_{21}	......	b_{k1}	$\sum a_i b_{i1}$
B_2	b_{12}	b_{22}	......	B_{k2}	$\sum a_i b_{i2}$

（续表）

A 层	A_1	A_2	......	A_k	B 层次总排序
B 层	a_1	a_2	......	a_k	
......	......	......	......	......	
B_n	b_{1n}	b_{2n}	......	B_{k2}	$\sum a_i b_{in}$

求解模型如下：

$$\sum\nolimits_{i=1}^{n} \cdot \sum\nolimits_{j=1}^{n} \cdot a_i b_{ij} = 1 \qquad (1\text{-}4)$$

（3）层次总排序的一致性检验。

层次总排序一致性检验与层次单排序一致性检验类似：

$$CR = \frac{CI}{RI} \qquad (1\text{-}5)$$

式中，CR——层次总排序一致性比例；

CI——层次总排序一致性指标；

RI——层次总排序的随机一致性指标。

CR 的表达式：

$$CI = \sum a_i RI_i \qquad (1\text{-}6)$$

式中，RI——对应 a_i 的 B 层次中判断矩阵的随机一致性指标。

当计算结果小于 0.1 时，则该结果具有满意的一致性。

6. GIS 空间分析方法

采用 ArcGIS 空间叠加分析，对山东省旅游生态空间进行敏感性综合评价。

（1）缓冲区分析法。缓冲区分析法属于邻域分析工具集，是挖掘邻近性关系的一种分析方法[5]。本书主要结合 ArcGIS 软件相关工具，对各评价指标进行矢量化，进而利用空间分析的工具，在线、面要素的基础上，建立环状多级缓冲区，得到其在不同距离上的覆盖范围。

（2）核密度分析法。核密度分析法是空间点分析方法中使用比较广泛的非参数估计方法，主要是对点或线要素进行密度估计[6]。将样本点设定为 x_1，x_2，x_n，…，则其公式为：

$$\hat{f}_n(x) = \frac{1}{nh} \sum_{i=1}^{n} k(\frac{x - x_i}{h})$$

(1-7)

式中，x_i 表示线要素中各点的位置，h 是带宽。

为进一步分析评价因子中道路及河流的分布状况，运用核密度方法分析反映线要素的聚集程度以及空间分布状态。以线要素为样本中心点，随着到线要素的距离越近，其密度越大。核密度方法的使用，结合其对点或线要素聚集程度的突出显示，可清楚显示道路等线要素交叉紧密分布的区域，由此，可显著显示道路和河流的分布情况、聚集状态。

7. GIS 加权叠加法

加权叠加法用来解决多准则问题，是 ArcGIS 中常用的叠加分析方法之一。其主要思想可以理解为量化值的加权平均。其中将多个不可以直接比较的指标转化成可以直接进行比较汇总的指标叫"量化"。"加权"是根据不同指标对于评价目标的重要程度不同赋予指标不同的权重，体现了评价者对于不同的评价目标的价值取向。"平均"则体现了评价目标的一般水准，是各个指标综合而成的平均数。加权平均实质上是一个数学函数。例如，有 n 个正数 p_1，p_2，…，p_n 和 n 个正数 q_1，q_2，…，q_n，称之为权，然后定义函数 $W(x)$：

$$W(x) = \left[\frac{\sum_{i=1}^{n} q_i p_i^x}{\sum_{i=1}^{n} p_i} \right]^{\frac{1}{x}} (x \neq 0)$$

(1-8)

称函数 $W(x)$ 是 p_1，p_2，…，p_n 以 q_1，q_2，…，q_n 为权的加权平均值。$M(x)$ 允许 $x=0$ 时取极值。

加权叠加法经常用于解决多因子影响的问题，其优势是依据各指标的影响因素赋予不同的权重，将指标进行统一化，研究分析所有指标的综合影响效果。即利用 ArcGIS，将含有多种属性和丰富数据的栅格图像，进行 Weighted Sum 叠加为一个栅格图像，进而对加权叠加的栅格图像重分类量化。

四、创新点

随着旅游产业的快速发展壮大，旅游生态空间问题日益突出，现实中生态敏感性越高的区域其旅游价值往往极高，保护与发展成为旅游区域规划与开发必须面对而又难以权衡的问题。为保证旅游业健康持续地发展，以旅游业发展现状为基础，从生态敏感性的角度对旅游生态空间进行研究变得迫切且必要。本书的主要创新点有如下几个方面。

（1）本书在测算山东省旅游综合实力的基础上，分析了山东省旅游业发展现状、旅游产业分布，并通过旅游土地产出率的测算得出了山东省各地市旅游业的土地利用情况，对山东省各区域旅游业的土地利用现状进行分析。

（2）本书从自然生态和社会经济两个维度，选取高程、坡度、坡向、水域、植被覆盖、降水、道路和土地利用类型八个评价指标，构建了山东省旅游生态空间敏感性指标体系。利用 GIS 和 RS 技术，基于遥感影像、矢量及栅格数据等地理空间数据，进行空间分析和数据处理。使用 ArcGIS 地理信息系统软件，首先对选取的八个评价指标进行单因子评价，进而在此基础上通过加权叠加法进行山东省综合生态敏感性分析，得到山东省综合生态敏感性等级分布情况。

（3）将山东省 16 地市及 137 个县（区、市）根据旅游产业发展水平与其生态敏感性现状进行叠加分析，得到山东省各地市"旅游＋生态"分布矩阵和各县（区、市）的"旅游＋生态"分布矩阵。并基于生态敏感性分析结果，结合各类用地空间类型分布的实际情况，将山东省划分为四个旅游生态空间类型，并从实施区域管控、完善保障政策、坚持统筹发展、加强理念培育四个方面提出了山东省旅游业空间结构发展对策，为山东省生态环境保护及旅游开发提供理论依据和实践路径。

第二章　研究进展与理论基础

一、国内外研究进展综述

本书从对国内外生态空间、旅游用地、生态敏感性和 GIS 应用技术研究发展及研究现状的整理分析入手,拟从区域的角度,对山东省总体的旅游业发展状况及旅游产业空间分布入手,按照旅游业发展要求,进行总体分析和评价。

(一)生态空间的研究

1. 国内生态空间研究

生态空间是国土空间的重要组成部分,也是生态系统服务的核心载体。生态空间可持续利用已经成为中央政府宏观管理的一项重要工作。国内对生态空间的研究始于 20 世纪 50 年代对城市绿地系统的关注;直至 20 世纪 80 年代初期,开始使用"绿色空间"一词;20 世纪 90 年代"景观生态空间"[7] 概念正式提出;至 20 世纪 90 年代中期,绿地、绿色空间、生态空间、生态用地 4 个交叉性概念的相关文献共同构成了生态空间研究的内容体系[8]。

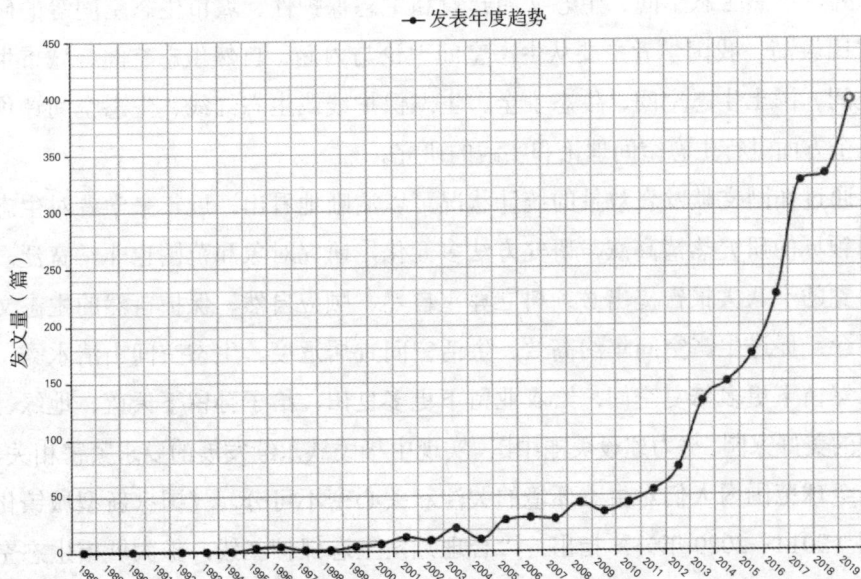

图 2-1　知网"生态空间"发表年度趋势图

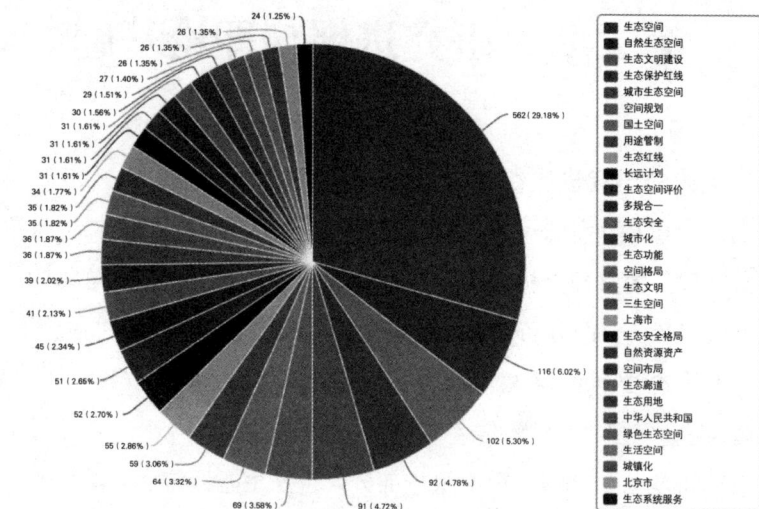

图 2-2 知网 "生态空间" 主题分布图

　　近年来，随着我国生态文明建设如火如荼，研究人员对生态空间领域的研究空前高涨，如图 2-1 所示，以生态空间为研究主题的文献自 2014 年起直线上升。如图 2-2 所示，对生态空间领域的研究除了以生态空间为研究核心词以外，自然生态空间、生态文明建设和生态保护性、城市生态空间等的研究占比较高。我国学者主要从生态空间理论与内涵、自然生态空间、城市生态空间、国土生态空间、生态安全、生态保护线或生态红线、生态空间评价等几个方面进行生态空间理论和实践的研究。

　　通过知网文献发表数量的统计状况可以清晰地看出，近年来学者对生态空间领域的研究热情高涨，研究方法多元化，研究对象和范围也非常宽泛，这与党的十八大报告提出必须树立尊重自然、顺应自然、保护自然的生态文明理念：促进生产空间集约高效、生活空间宜居适度、生态空间山清水秀，给自然留下更多修复空间，给农业留下更多良田，给子孙留下天蓝、地绿、水净的美好家园。努力建设美丽中国，实现中华民族永续发展的要求紧密相关，也与全球范围内人们对生态环境的关注和关心密不可分。《国家新型城镇化规划（2014—2020 年）》指出："合理划定生态保护红线，扩大城市生态空间在城镇化地区建设绿色生态廊道。"新型城镇化和"三生空间"协调发展战略的实施，对城市生态空间的理论和政策研究提出了新的要求。

（1）对生态空间概念和内涵的研究。当前生态文明建设的背景下，生态空间研究虽然已成为研究的热点领域，但目前对自然生态空间等的概念和内涵学界尚无定论，其分类体系也存在争议，识别方法也不尽相同[9]。张宇星认为生态空间与生命现象和生物活动密切相关[10]，具有物理空间的一般规律，更具有自己的特殊规律和特性，并从空间效应、空间功能、空间行为三个角度对空间概念进行界定。王甫园、王开泳指出生态空间是研究人地关系地域系统中地理环境的重要部分，而人地关系地域系统中地理环境是地理学的研究核心。生态空间是国土空间的重要组成部分，也是生态系统服务的核心载体[11]。生态空间是生产空间和生活空间的生态前提，并制约着生产空间、生活空间的发展前景和方向[12]。沈悦等将国土空间划分为生态空间、农业空间与城镇空间，生态空间是以提供生态服务或生态产品为主要功能的国土空间[13]。詹运洲等以上海等特大城市为例提出特大城市应用"反规划"等方法来缓解生态空间的生态建设压力[14]。

（2）生态空间的构建与评价研究。生态空间的构建与评价研究是生态空间研究的重点领域。国内学者也从不同的角度做了大量的研究。张合兵等构建自然空间生态分类体系运用 GIS 空间分析法识别市县级自然生态空间的数量和空间分布。维护区域生态稳定[15]。徐洁等以植被覆盖度和生物量估算为指标建立多元线性回归模型对 2000 年和 2010 年国家重点／非重点生态功能区进行生态环境质量变化分析，表明实施生态保护工程与转移支付对提升全国范围的生态安全具有重要意义[16]。皮泓漪从生态资产的视角以宁夏回族自治区泾源县为研究对象，构建生态资产价值评估体系[17]。迟妍妍等以京津冀为研究对象，以生态空间识别为着眼点探索生态空间管控技术，基于可持续发展目标和敏感性评价，以及重点生态功能区、重要生态功能区和生物多样性保护优先区等生态保护重要区域识别，确定了京津冀地区的生态空间[18]。李国煜等利用 GIS 空间分析技术，将不同土地类型的主要功能划分为"区域主体功能—景观主导功能—地块主要功能"，据此以平潭岛为例构建了以功能分类、用途分区、管控分级为导向的自然生态空间用途管制体系[19]。

生态空间管控的研究还包括生态保护线和生态红线的研究。生态保护红线是一种新型的生态管控制度，是推动国家生态文明建设的重大战略。生态保护红线是在自然保护区、森林公园、风景名胜和重点生态功能区等诸多区域生态管理制度不断实践基础上提出和发展起来的生态管战略。侯鹏等以海南省为例，将区域生态安全和区域生态改善为主要研究内容，分析生态保护红线及其所在区域的耦合关系，建立"生态保护红线保护成效评估"，落实到具体的评估指标和方法上[20]。

（3）"三生空间"研究。1949 年到 2018 年，我国城镇化率从 10.64% 上升到 59.58%，未来的发展面临资源约束，因此十八大提出要构建"生产空间集约高效、生活空间宜居适度、生态空间山清水秀总体要求，形成生产、生活、生态空间的合理结构"，即"三生空间"的理念。国内学者对"三生空间"的研究从其内涵、特征与逻辑关系到"三生空间"的设计与构建再到以省、市地为研究对象的时空格局分析与研究，可以看出对"三生空间"的研究已然是当前生态空间领域研究的又一热点领域。朱琳等基于全国 284 个城市的面板数据利用 GIS 空间分析法和主成分分析及多元线性回归模型定量研究城市"三生"用地结构空间格局的影响因素，提出了根据城市特征不同，"三生"用地优化发展战略也应差别化[21]。刘继来等在分析土地利用类型与土地利用功能相互关系的基础上，以国家土地利用分类标准为基础，分析了 1990～2010 年全国三生空间格局变化，揭示了 1990～2010 年间中国"三生空间"变化特征[22]。

（4）旅游生态空间的研究。当前国内对旅游生态空间的研究还处于起步阶段，成果较少，以旅游生态空间的格局研究为主，辅以空间效应的分析。李明峰等[23]以漳州地区为研究范围，暴向平等[24]以关中地区为研究范围进行旅游生态空间格局的研究。李细归等以省域为研究范围进行旅游生态安全时空格局与空间效应的研究[25]。高凌浩以江苏省为例进行区域旅游生态效率评价及空间效应分析[26]。目前旅游生态空间的研究几乎都没有运用 GIS 空间分析方法。

2. 国外生态空间研究

国外对生态空间领域的研究一般使用"绿色空间（Green Space）"的概念，而少用"生态空间 Ecological Space"的表达方式[27]。对这一领域的研究兴趣源于对社会公众健康生活的关注。1864 年，美国学者乔治·P. 马什的出版了著作《人与自然》，系统地阐述了人类应科学理性的利用和开发自然的生态学思想。19 世纪末，英国社会活动家 Ebenezer Howard 在其著作 *Garden Cites of Tomorrow* 提出了"田园城市论"，描绘了城镇空间和生态空间的完美融合，即"一切最生动活泼的城市生活的优点和美丽、愉快的乡村环境和谐地组合在一起"[28]。土地生态学也是在景观生态学发展的基础上产生和发展起来的，最早期的景观生态学就称为"Land Ecology"或"Geoecology"，现在学术界将其统称为"Landscape Ecology"。Ali Belmeziti 等通过描述生态空间和城市服务的关系提出了改善城市生态空间的多功能性[29]。时至今日，生态空间及可持续发展思想已经成为学者关注和研究的热点领域。国外学者对生态空间的研究多集中于绿色空间理念和内涵的研究、城市生态空间的研究和生态空间治理研究三个领域。

（二）旅游用地的研究

土地，是人类赖以生存和发展的重要资源。旅游用地是国土资源的重要组成，承载旅游资源旅游接待设施等旅游功能的各类土地均属于旅游用地的范畴。因此，本书将具有游憩功能、可以被旅游业利用的各类土地资源都视为旅游用地[30]。2015 年国土资源部联合住房城乡建设部、国家旅游局印发了《关于支持旅游业发展用地政策的意见》（国土资规〔2015〕10 号）保障旅游业用地的发展并加强对旅游业用地的监管，国家对旅游用地的管理日益科学和有序。

1. 国内旅游用地的研究

通过检索知网可以发现，国内关于旅游用地的研究始于 1988 年。随着我国旅游业的蓬勃发展和旅游经济的快速发展，越来越多的研究学者开始关注旅游用地的研究，尤其是 2006 年来以旅游用地为主题和关键词的研究文献呈井喷状发展，并且研究涉及的领域和范围也尤为宽泛。从总体上讲，旅游用地的评价与管理、可持续发展、集约利用等领域，日渐成为我国学者研究的热点和重点。

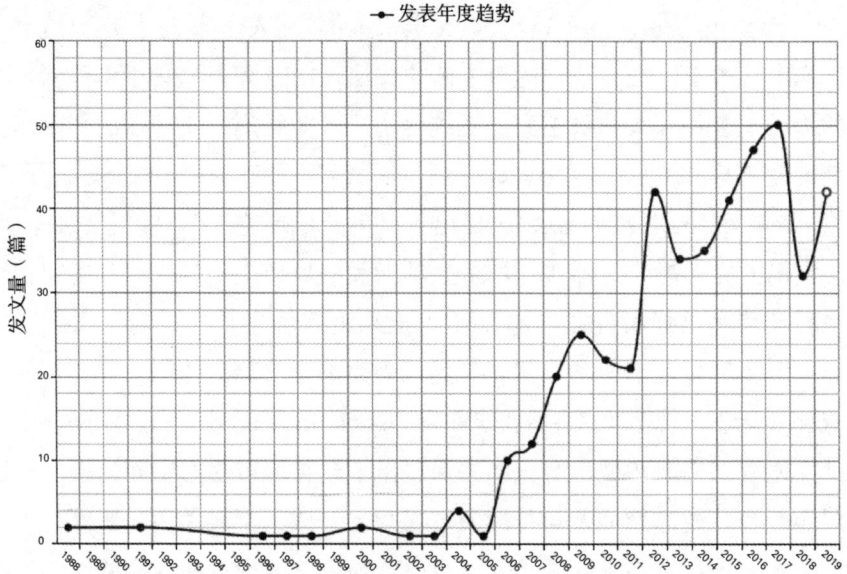

图2-3 知网"旅游用地"发表年度趋势图

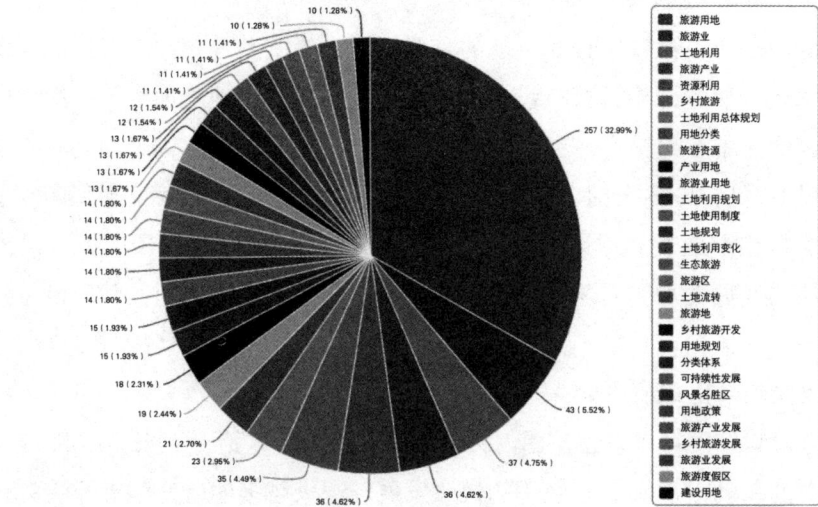

图2-4 知网"旅游用地"主题分布图

（1）旅游用地概念和分类的研究。目前我国旅游用地的概念尚不清晰和完善，业界和学界对旅游用地概念的内涵和外延究竟包括何种土地类型并无定论。余中元等从全域旅游的角度对旅游用地进行了界定，认为旅游用地是一定时间域和空间域内由自然和人文要素组成的，具有一定结构，能（或潜在能够）提供旅游服务功能的多层级的适应性循环的社会生态系统及其空间表达[31]。旅游业是综合性产业用途和权利类型复杂多样。在土地用途上，包括建设用地、农用地、未利用地三大类型；在建设用地中，包括住宿、餐饮、文体娱乐、医卫、交通、公园绿地等多种类型[32]。胡千慧等认为具有游憩功能、可以被旅游业利用的各类土地资源都应视为旅游用地[33]。朱德举认为旅游用地是土地利用的一种方式，是整个旅游系统内最基本、最广泛的具有旅游功能的各种因素的组合[34]。苏子龙等从广义上定义旅游用地，泛指旅游业态所需的所有土地载体，不仅包括自然旅游资源和人文旅游资源在内的各种常规的旅游用地，还包括为游憩活动提供间接支持的各类服务设施和基础设施用地[35]。徐勤政等认为旅游用地大部分都是与旅游相关的用地，旅游功能短期内对土地的原始属性不能改变[36]。张娟将旅游用地定义为在地球表层的特定区域，由气候、地理环境、动植物和人类活动相互作用的复合系统中，具有游憩功能并能够和旅游业结合使用的自然、经济、历史综合体[37]。周菲菲将旅游用范围界定为旅游客体用地、旅游媒介要素用地以及旅游辅助要素用地[38]。

（2）旅游用地集约化利用的研究。旅游快速发展、旅游投资热潮与旅游用地有限性的矛盾推升了旅游用地集约化利用的研究。赵宇宁、王占岐对风景区内的城镇用地有必要做旅游用地类型的级别评定，以模糊综合评判法对南昆山风景区旅游用地做定级研究[39]。欧阳安蛟、陈立定根据旅游风景区土地利用的特征、影响旅游风景区土地收益的主要因素及收益形成机制的特殊性等，结合地价评估的基本理论方法，提出并论证了5类用地类型建立旅游风景区基准地价的评估方法体系[40]。黄细嘉、谌欣、王佳以江西省10个国家级风景名胜区作为研究对象，用熵值法分析了这些风景名胜区旅游用地的集约程度以及经济效益与生态环境两者的协调发展程度，在此基础上得出了改善与提高风景名胜区旅游用地集约度—协调度的建议[41]。

（3）旅游用地的管理和评价研究。马艺芳（2009）利用旅游城市生态综合指数评价法、旅游城市生态安全模糊综合评价法、旅游城市生态足迹评价法对桂林旅游城市进行生态评价[42]。李亚男选取开封市 12 个主要旅游风景区用地作为评价单元，构建开封市旅游用地集约利用评价指标体系评价集约利用程度[43]。赵莹雪利用多目标线性加权函数法定量评价研究区旅游用地时空演变对生态环境正面和负面的影响[44]。王静基于 DEAP-2.1 软件对姑婆山国家森林公园旅游用地效率评价研究[45]。罗峰以 DEA 为方法，对杭州 2005～2012年城市旅游用地效率投入产出有效性进行评价，得出旅游用地经济效率最高的结论[46]。赵晨迪以武陵源区土地利用现状图、武陵源区地籍图、Google earth 高清图像、住户调查和统计年鉴为数据基础，建立数据库，分析哪些核心驱动因素引起旅游用地变化[47]。倪绍祥等在我国土地评价研究进展中指出，我国旅游用地评价等非农业用地评价已经展开，评价理论全面深化，计量方法及遥感和地理信息系统等新技术手段得到日益广泛应用[48]。吴必虎等借鉴景观视觉评价原理，从旅游者体验风景道品质的特定要求出发，提出了驾车旅游观光风景道专家组目视评测法[49]。梁田提出要借鉴美国农业旅游发展的经验，制定我国《农业旅游法》，并在《土地管理法》中做出禁止假借农业旅游改变土地用途的行为[50]。

（4）生态旅游用地及旅游用地可持续发展研究。我国学者有关生态旅游用地研究以及旅游用地可持续发展的研究日益增多。杨蕾从生态性旅游用地的特点及其价值构成出发，构建合理的评估模型，通过影子工程法测算了生态性旅游用地的生态价值，用收益法评估了其商业价值，实现了对生态性旅游用地的合理评估[51]。余中元等从旅游用地生态效应的角度，研究了旅游用地生态效应的生态机制和调控机制进行研究，提出了旅游用地生态效应调控政策[52]。赵娴昱等通过对九嶷山地质公园的走访调研，提出了土地持续发展策略[53]。杜倩等采用层次分析法和模糊综合评价法对克拉玛依市旅游用地指标进行评价，分析了克拉玛依市旅游用地利用中存在的问题[54]。崔凤军等指出旅游环境承载力包括三个基本分项指数——游客密度、旅游用地强度和旅游收益强度指数[55]。朱东国等以张家界为研究对象，运用 GIS 技术和叠加因子分析法对山地旅游城市的生态敏感性进行研究，提出应在生态敏感性评价的基础上进行山地旅游用地策略选择和应用[56]。

2. 国外旅游用地的研究

20 世纪 30 年代初，国外学者开始了旅游地理学的研究。McMurry K. 发表的《游憩活动与土地利用的关系》一文，被公认为旅游地理学的开世之作[57]。国外旅游用地的研究领域和范围比较宽泛，文献检索分析后大致可以把国外学者对旅游用地的研究分以下几个领域：旅游用地空间分布的研究、旅游用地评价研究、旅游用地开发模式的研究以及生态旅游用地与旅游用地可持续发展研究几个领域。近年来，随着人们对生态问题的关注和绿色及可持续发展理念的深入人心，从生态领域进行旅游用地研究越来越受到关注和重视。

当然，还有众多的研究学者以独特的视角来研究旅游用地，从不同企业形态的角度进行旅游用地分类和发展模式研究也是国外学者乐于研究的领域。比如 Ayala（1991）分析了度假酒店作为一种对资源依赖程度比较高的酒店类型，其发展在旅游用地中的作用[58]。

（三）生态敏感性研究

1. 国内生态敏感性研究

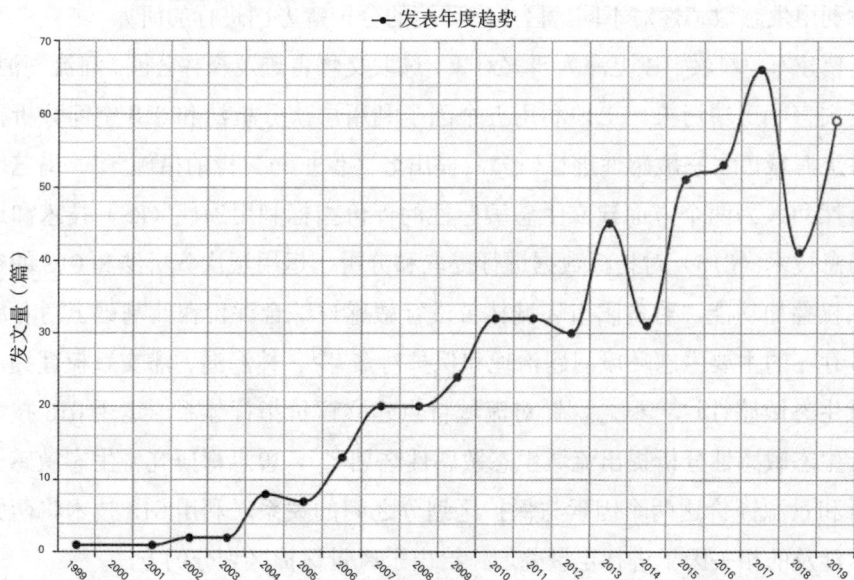

图 2-5　知网 "生态敏感性" 发表年度趋势图

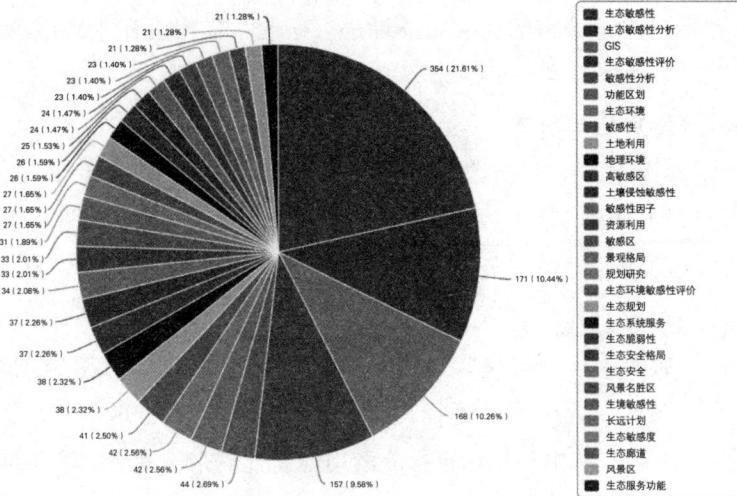

图 2-6 知网 "生态敏感性" 主题分布图

以生态敏感性为主题在知网进行检索，可以看出近几年来学者以生态敏感性为主题的研究不断增加，但是总体研究数量不多。其研究的主要领域包括生态敏感性衡量标准的研究、生态敏感性评价因子的研究、利用 GIS 和 RS 技术利用生态敏感性对不同地区生态环境的分析等方面进行的研究。

曹建军、刘永娟以上海为研究对象，选取文物古迹及森林公园、河流湖泊、地质灾害、土壤污染、土地利用五个因子利用层次分析法和 GIS 空间分析技术对上海城市生态敏感性进行研究，提出分区保护与建设的措施[59]。禹艺娜从自然和人为两个方面建立生态敏感性的评价指标利用遥感（RS）技术和地理信息技术（GIS）对指标数据进行提取和分析，运用层次分析法和 GIS 的空间加权叠加功能，对贵阳市环城林带进行敏感性综合评价在此基础上对各敏感区存在的主要生态环境问题治理和保护对策[60]。林涓涓、潘文斌梳理提出流域生态敏感性这一概念，针对流域特点建立评价指标体系，运用 GIS 技术进行生态敏感性分析提出流域生态敏感性区划[61]。曾惠梅研究了生态敏感性分析和景源评价这两个因素与保护区划分之间的关系，利用 GIS 技术将两大因素涉及的相关因子进行定量叠加，给出了风景保护区划分的方法。

国内对旅游生态敏感性的研究起步较晚，特别是利用 GIS 和 RS 对旅游生态敏感性空间分布的研究尚在起步阶段，目前的文献研究多以景区或地市等中小型区域为研究范围，选取适宜的自然和社会评价因子进行旅游业生态敏感性研究或基于生态敏感性的空间布局研究。如钟静等利用地信和遥感技术，通过生态敏感性因子的确定，进行九寨沟风景区的生态敏感性空间分布研究[62]。屈赛等基于自然生态和社会经济数据，选取坡度、高程、地形、道路交通、土地利用类型等因子作为研究区生态敏感性的评价指标，采用 GIS 技术获取庐山景区空间分布图，继而根据旅游用地的不同敏感性进行用地策略的研究[63]。

2. 国外生态敏感性研究

国外生态敏感性的研究领域也是多集中在气候和环境领域。Schindler D.W 检测了生态系统对人为压力的反应，建议通过整个生态系统实验快速开发和校准生态学技术，以解决过去监测记录的某些不足之处[64]。Afroz Ahmad 等分析了喜马拉雅环境及人类活动对它的影响，并提出了一些准备，特别强调对喜马拉雅山的管理进行环境影响评估[65]。Benton T.G.、Grant A. 将人口增长率与生态环境敏感性结合起来，利用弹性分析来回答人口增长率对生态环境敏感性的影响[66]。S.M.Adams、M.S.Greeley 提出生物指标研究可以帮助确定环境压力因素与人口和社区层面影响之见的因果机制，并作为评估补救行动对水生生物健康的有效性基础[67]。GoyalR K. 以拉贾斯坦邦（印度）干旱地区蒸发蒸腾为研究中心，利用数值估算公式，定量分析其对全球变暖的敏感性，并讨论了广泛的气候变化情景，将其作为未来水资源开发的指导方针[68]。Swihart 等人的研究结果表明，对栖息地改变的敏感性受到物种特定属性，以及资源利用中的表型灵活性和历史属性的共同影响[69]。Daniel Hering 等基于分布模式和生态偏好，研究了气候变化对水生昆虫的潜在影响，分析了气候变化对欧洲 caddisflies（毛翅目）的敏感性[70]。在大多数研究都集中在气候变化对个体和物种的影响的基础上，Walther G. 强调了气候变化对生物相互作用和生态系统服务的影响[71]。María C.Alvarez 等探讨了生物多样性中的鱼类指数对生态环境的敏感性影响，以评估河口和泻湖的生态状况[72]。Romain Richard 等将敏感性分析运用到连续时间模型中，提出了由常微分方程组指定的任何模型进行分析[73]。Masak.Uchida 构建了一个简单的基于生态过程的模型，分析了高寒极地苔原生态系统 CO_2 交换对于气候变化的敏感性情况[74]。Roopam Shukla 将捕捉气候变率，人口敏感度、生态和社会经济能力的指标相结合，对每个地区的脆弱性进行量化[75]。

（四）GIS 应用技术研究

GIS 具有强大的数据处理、图形文件生成与输出、应用模型开发等功能，广泛应用于资源调查、环境评估、灾害预测、城市规划、国土管理、交通运输、水利水电、公共设施管理、金融等几乎所有领域。GIS 是旅游用地即旅游空间结构研究方面具有应用前景的研究方法之一。杨桂芳等在 GIS 在生态旅游中的应用与展望中，提到 GIS 在生态旅游资源中的调查评价、开发规划和环境保护中起着重要的作用，不仅可以实现生态旅游地理信息的高效管理，也可以得到常规方法无法取得的分析结果，为旅游规划、开发保护等方面提供有效的基础资料和分析结果[76]。

总之，GIS 技术为生态敏感性分析提供了很好的应用环境与方法。由于许多生态因子都会对生态敏感性产生一定的影响，利用传统的方法分析时各个因子彼此之间相互作用影响，且数据的计算繁杂。结合 GIS 对处理空间数据方面，所具有的强大的处理与计算能力，使敏感性分析过程更加简单清楚，结果精确明了，提高旅游规划的科学性。

1. 国内 GIS 应用技术研究

20 世纪 70 年代末，我国正式提出并开始 GIS 技术研究；到 80 年代，我国 GIS 得到迅猛发展，特别是在理论和方法的充实和制定、软件系统的开发和建立、高技术人才的挖掘和培养等方面有着较好的成果和进步。武汉测绘科技大学在 20 世纪 80 年代末组建了信息工程专业，为以后培养 GIS 的基础型人才创建了优良环境。中国在 1994 年 4 月专门创办了"中国 GIS 协会"，后来又组建了"中国 GIS 技术应用协会"，极大地增强了我国在 GIS 方面的学术交流水平，并开发创办了具有自主版权的 GIS 软件，如 Geostar、MapGIS 等。

（1）GIS 的用地研究。GIS 在土地利用变化方面的研究。朱会义以北京市土地利用变化分析为例，阐述了空间分析方法在土地利用变化研究分析中的重要性[77]。朱瑜馨等基于聊城市 1994 年土地利用现状图、地形图及遥感影像，利用 GIS 技术，实现了聊城市土地利用动态变化与预测研究[78]。梁涛等基于 GIS 的空间分析功能，提出了一种使用的城市土地生态适宜性评价方法，从空间上表征研究区域不同类型土地的生态适宜度[79]。郭斌基于 GIS 技术将统计数据进行格网化表达，并利用 GIS、RS 手段进行了生态安全研究，建立了西安生态安全评价的指标体系[80]。田毅等采用层次分析法，基于空间分析技术，实现了多指标的土地利用强度的三维定量评价[81]。白丽娜将 GIS 技术和评价方法相结合，对土地综合效益进行评价研究，提出了较为完整的以信息技术和模型为支撑、以数据库为平台的土地综合效益评价方案[82]。李琳在 GIS 和 RS 技术支持下，采用多种数学方法，从遥感影像中提取专题信息，用于厦门市的土地利用变化的空间分析和研究[83]。黄端等基于武汉市 2000~2015 时间序列的空间数据，研究其城市圈土地利用的时空变化，并结合政策因素进行了分析[84]。

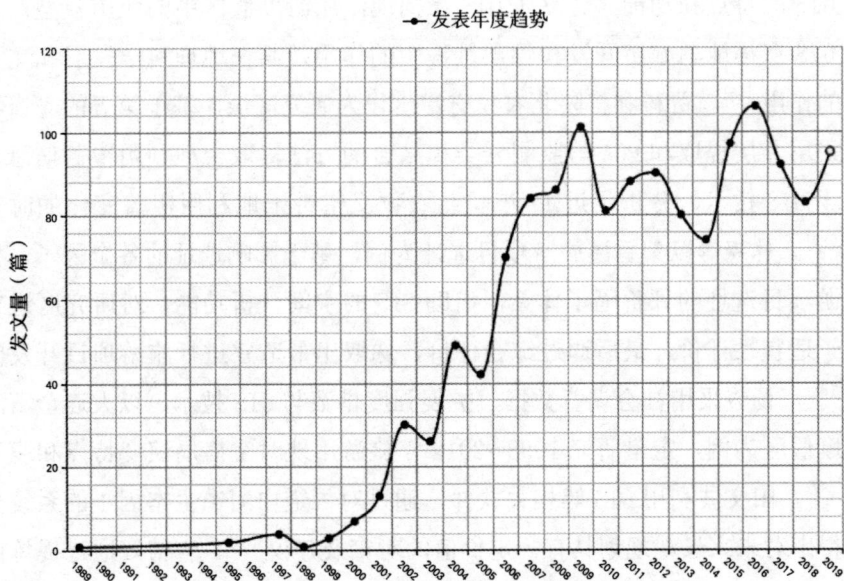

图 2-7　知网"GIS"&"旅游"发表年度趋势图

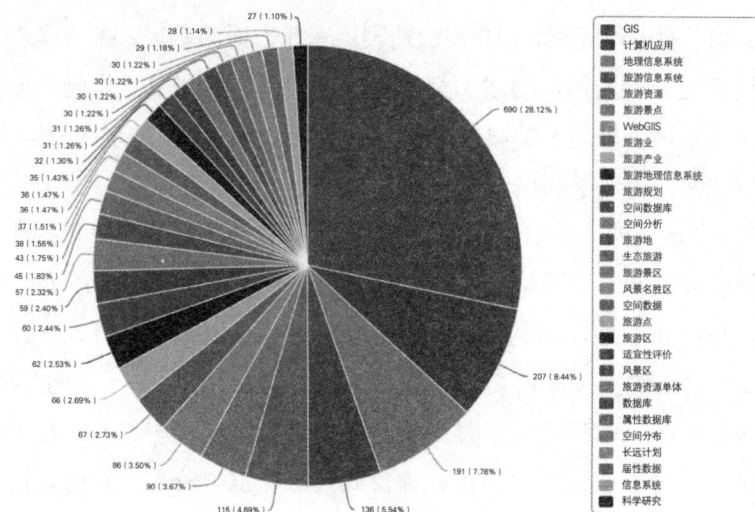

图 2-8 知网"GIS"&"旅游"主题分布图

（2）GIS 的旅游用地及旅游空间结构的研究。陈焱用 AHP 法建立了西部地区旅游资源综合评价的定量模型，建立了西部地区 GIS 空间分析系统，并以内蒙古新巴尔虎旗为实例，进行了实地的生态旅游空间规划[85]。王晓峰等基于 GIS 的特点和功能，建立了 GIS 在福地湖旅游度假区中的应用模型，分析了 GIS 在福地湖旅游开发和管理过程中的作用及其在地理科学发展和完善方面的作用[86]。贾科利将陕北农牧交错带作为研究区域，基于第五的光谱特征，采用分层提取和 PCA 与监测分类相结合的方法提取土地利用覆盖信息，并基于 GIS 技术，分析了近 17 年陕北农牧交错带土地利用覆盖变化的时空特点[87]。林森等以梨香溪旅游项目选址为例，基于影响选址的各个因子，构建旅游项目选址的评价因子体系，借助 GIS 的空间分析功能，对研究区进行单因子适宜性评价，最后通过综合评价，选取出最适宜进行旅游项目开发的区域[88]。杨俊采用社会调查数据、扩展强度指数与 GIS 技术，以大连金石滩旅游度假区为例，定量研究 1998~2012 年旅游用地时空格局演变特点和驱动机制[89]。田文波利用 GIS 等相关软件，通过对二道白河镇生态因子的系统分析，得出对未来景观规划具有一定价值的对策及建议[90]。吉倩妘通过提炼南京市汤山旅游度假核心区的生态系统特征，以 GIS 技术为支撑，依托 Google earth 平台，从宏观层面分析研究了该地区的生态要素的格局与历史脉络[91]。

（3）GIS 生态敏感性的研究。利用 GIS 技术进行生态敏感性的研究，研究的对象从景区到省各种区域范围均有。研究因素和方法的选取却根据研究对象和研究视角各不相同。君轶依据山西省土地生态环境目前存在的问题和生态环境敏感性理论，选取生态敏感因子，通过定量计算、专家评议总结等方法得出评价因子单要素专题图，利用 ArcGIS 进行叠加分析得到陕西省土地生态环境敏感性分区[92]。阳次中从自然和人文两个方面建立了一套黄山风景区生态地质环境敏感性分析的评价指标体系，在"3S"技术支持下对相关评价指标进行了提取和分析，运用基于层次分析法的 GIS 加权叠加综合评价模型和改进型 BP 人工神经网络模型对黄山风景区生态地质环境敏感性进行了综合评价[93]。周雨露等以济南小清河流域为研究区域，通过选择有代表性的生态影响因子，采用 GIS 技术和层次分析法对小清河流域进行生态敏感性分析，为小清河流域生态环境保护和开发利用提供依据[94]。黄含吟在综合生态敏感性分析相关理论的基础上，确立了一套较为完整的森林公园生态敏感性分析的理论体系，在 GIS 技术的支持下对寨场山森林公园进行了生态敏感性分析[95]。曹先密以环濊湖地区为研究区，借助 GIS 空间缓冲区分析、叠加分析等功能，采用因子叠加取最值法得到规划研究区的总体生态敏感性区划，对研究区生态敏感性进行定量化分析与评价，为生态环境保护、空间规划与合理布局提供了科学依据、方法支撑和决策支持[96]。

2. 国外 GIS 应用技术研究

加拿大的测量学家罗杰·汤姆林森在 1971 年建立了加拿大地理信息系统，是世界上第一个真正投入应用的地理信息系统。随后，SYMAP 系统软件在美国哈佛大学被研发使用，但是受到当时计算机计算能力的限制，GIS 的地理分析极为简单。同一时间，许多国家纷纷建立了许多与 GIS 有关的组织部门。20世纪 80 年代，图形工作站和 PC 机的推出为 GIS 的推广与普及提供了硬件基础，也为 GIS 软件的研制与开发提供了良好的环境，一些代表性的 GIS 软件也在这一阶段涌现，比如 Arc/Info、Genamap、Cicad 等。GIS 的普遍应用和推广，促使 GIS 理论与技术更加成熟，可以更加高效地解决诸如酸雨、厄尔尼诺现象等全球性的问题。

（1）GIS用地的研究。Malczewski等考虑到土地属性的复杂性，评价指标权重计算存在主观因素的影响，在层次分析法计算指标权重的基础上引入有序加权平均的方法构建基于GIS有序加权平均法耦合的土地生态适宜性研究，在土地评价中引入模糊数的概念以降低评价人员的主观影响，并用于墨西哥地区的土地生态适宜性研究案例中[97]。Ahmadi研究了人工神经网络与地理信息系统相结合的方法，评估土地是否适合种植选定的作物，并作为伊朗马赞德兰省农作物用地生态适宜性评价方法[98]。Thanh等认为传统的土地评估工具受到规模限制以及数据存在可用性、准确性差的限制，基于此他们提出一个基于GIS的多准则土地适宜性评价模型，并运用于越南广三省橡胶林地区的土地生态适宜性评价案例研究中[99]。Malmir等利用模糊逻辑和网络分析法对伊朗西南部阿瓦士县城市发展用地的生态适宜性进行评价，结果显示此方法在城市发展用地上具有良好的适用性[100]。Ferretti等在对意大利皮尔蒙特地区进行土地生态适宜性研究时，考虑了环境问题的复杂性以及评价指标之间的内部联系，提出了基于网络分析法和有序加权平均法的多重空间决策支持系统进行研究分析[101]。Azizi等在构建伊朗阿尔达比勒省风电场选址的土地适宜性评价指标之间的关系中采用了评估实验室模型，并在此基础上采用网络分析法确定了各指标的权重，以此实现了风电站选址的研究[102]。

（2）GIS的旅游用地及旅游空间结构的研究。Boyd和Bulter为了探讨加拿大北安大略省的生态旅游适宜性，利用GIS软件对其旅游资源特别是自然资源进行规划制图，采用覆盖分析和缓冲分析等方法[103]。Williams等利用GIS调查了英国哥伦比亚的旅游资源情况[104]。Berry在对美国的一个原始海岛进行生态旅游规划时采用了GIS技术[105]，这是将GIS最早应用于生态旅游规划的范例之一。Culbertson等认为GIS在旅游规划中拥有巨大的潜力，在对加拿大和美国科罗拉多州进行旅游规划时采用了GIS技术[106]。

（五）研究述评

通过以上文献综述可以看出，国外对敏感性的研究重数据监测、方法和模型，多集中于气候和环境领域，利用GIS对旅游领域进行生态敏感性的研究较少。国外学者对生态空间的研究大致可以分为绿色空间理念和内涵的研究、城市生态空间的研究和生态空间治理研究三个领域。

　　国内对生态敏感性的研究和生态空间的研究除前述文献综述以外，笔者又使用文献检索的方法进行研究，所得数据可见国内对生态敏感性和生态空间研究的一斑。利用"篇名+生态敏感性"并"篇名+旅游"、"关键词+生态敏感性"并"关键词+旅游"，"主题+生态敏感性"并"主题+旅游"在中国知网中进行高级检索，分别得到文献数量为7篇、5篇、88篇；利用"篇名+生态空间"并"篇名+旅游"，"关键词+生态敏感性"并"关键词+旅游"、"主题+生态敏感性"并"主题+旅游"在中国知网中进行高级检索，分别得到文献数量为：3篇、3篇、76篇（检索截至2019年3月10日）。可见，国内对旅游生态敏感性的研究起步较晚，特别是利用GIS和RS对旅游生态敏感性空间分布的研究尚在起步阶段，目前的文献研究多以景区或地市等中小型区域为研究范围，对省域的研究较少，选取适宜的自然和社会评价因子进行旅游业生态敏感性研究或基于生态敏感性的空间布局研究。生态空间的研究目前处于蓬勃发展的时期，但是以旅游空间结构为主题和关键词进行检索，知网相关文献数量较少，而且大都以城市空间结构为研究对象和落脚点，可见旅游生态空间结构的研究还有很大的提升空间和深入空间。

　　国内外旅游业生态敏感性和旅游业生态空间结构的研究，虽然地理信息系统方法和生态学的方法在研究文献中有所体现，但方法上多以描述性研究为主，定量化的分析研究较少，因此将GIS技术和生态敏感性的方法综合运用于旅游业空间结构分析研究还应加快研究进程，这将对促进旅游产业的有序良性发展极具理论意义和实践价值。

二、旅游用地生态敏感性理论基础

（一）相关概念解析

1. 生态空间

　　目前，学术界对生态空间的概念界定还没有明确统一的认知，学者们根据各自研究目的和研究视角的不同对其进行界定。张宇星从空间效应、空间功能和空间行为三个方面总结了生态空间的概念和内涵，在此基础上提出了城镇生态空间的概念[107]。国内对生态空间的研究较多的是对生态用地的研究，生态要素的空间定位统称为生态用地[108]。土地是人类生存、繁衍和赖以发展的物质基础和根本保证，其地域空间包括城镇空间、农业空间和生态空间[109]。生态空间是以提供生态服务或生态产品为主要功能的国土空间，包括自然属性、具有人工生态景观特征以及部分具有农林牧混合景观特征的空间等[110]。任何生物维持自身生存与繁衍都需要一定的环境条件，一般把处于稳定状态的某物种所需要或占据的环境总和称为生态空间。国务院 2010 年 12 月年发布的《全国主体功能区规划》（国发〔2010〕46 号）将国土空间结构分为城市空间、农业空间、生态空间和其他空间。生态空间涵盖了绿色生态空间及其他生态空间[111]。生态空间以空间结构的形式存在，故而有些生态空间类型涉及多种形式的生态用地类型，有些也会包括与生态功能不违和的建筑用地类型。张合兵等认为以发挥生态系统服务功能为主，对维持生态系统稳定性，调节生态系统内部结构具有重要意义的用地类型都属于生态空间的范畴[112]。本书将生态空间的定义为，人与自然相互影响和作用的动态综合用地系统的空间表达。

2. 旅游用地

前述对旅游用地研究进展的综述中可以看出，时至今日，我国旅游用地的概念还不明确和清晰，旅游用地、旅游业用地及旅游发展用地等概念同时使用，表达的内涵和外延也时有差异，可见业界和学界对旅游用地概念的内涵和外延尚无定论，旅游用地的土地类型也极其宽泛。究其原因是因为旅游业的综合性和复合型的特点。旅游发展中的土地问题的两个基本特征包括综合性和外部性[113]。目前作为旅游用地规划和审批的现行国家标准，是住建部颁布的《城市用地分类与规划建设用地标准（GB50137-2011）》和《风景名胜区规划规范（GB50298-1999）》中的"风景区用地分类表"[114]。从上述旅游用地概念中可以看出，随着旅游业的发展和对旅游用地研究的日益深入，人们对旅游用地概念的理解也日趋复合化和多元化。因此，本书在分析上述概念的基础上，在旅游业发展业态多样化和全域旅游的背景下，结合自己研究的领域和视角，把旅游用地的概念界定为整个旅游产业对土地利用的空间表达方式。

3. 生态敏感性

生态环境敏感性是指生态系统对区域内部自然活动和人类活动干扰的敏感程度，它反映了区域生态系统在遇到干扰时，发生生态环境问题可能性的大小和难易程度，并用来表征外界干扰可能造成的后果[115][116]。生态环境受到影响出现问题时，生态环境系统的结构和功能实现都会发生变化，并对影响做出反应。这些反应主要集中在生态系统各级功能在时间和空间上的相互作用及影响。

在自然状况下，各类生态系统保持着相对稳定的耦合关系，由此确保生态系统之间的平衡状态，但是当受到外界作用力就会破坏其间的耦合关系，进而促使生态系统失衡。造成严重的生态问题。所以，本书定义生态敏感性评价，即分析在自然状况下，具体的生态过程中生态环境问题发生的可能性和难易程度。它是生态系统对自然活动和人类活动反应的不同敏感性分级，反映了生态失衡与环境问题产生的可能性大小，是综合评价一个区域生态环境质量、土地合理利用程度、人口负荷情况及经济发展状况的综合性指标，是区域生态环境规划治理的基础[117]。

4. 主体功能区

主体功能区是根据区域的资源环境承载力和生产、生活、生态功能进行的土地利用类型的空间分区。主体功能区划分是指以资源环境承载能力、区域发展现状等要素为依据，进行的土地利用空间功能分区，在分区的过程中对区域的发展方向、开发模式等制定结构性框架，为区域内不同的专项规划提供规划依据[118]。随着社会经济的快速发展，为了追求较高的经济效益而不惜以损害自然环境和历史文化遗迹为代价的短视型开发建设现象屡见不鲜，无序、重复、过度型开发建设不仅不能真正带来社会财富的增加，而且破坏了人类社会可持续发展的能力。为此，《中华人民共和国国民经济和社会发展第十一个五年规划纲要》中提出推进形成主体功能区，根据我国资源、人口、经济、国土等情况，将国土空间划分为优化开发区、重点开发区、限制开发区和禁止开发区四类主体功能区[119]。

（二）相关理论基础

1. 区域空间结构理论

区域空间结构是指社会和自然要素在空间上的系统表达与分布状态，经常用来表示由于人类活动导致的空间连贯性、空间几何顺序或系统性的空间模型[120]。区域空间结构理论即是研究区域内自然和社会经济等空间要素相互作用和空间关系的理论。区域空间结构理论由区位论发展而来，但空间结构理论不似传统区位论将研究对象放在单个社会经济单元上，对其空间规律和区位优化选择进行研究。区域空间机构理论更注重构成空间单元的各要素之间的相互关系及在这种关系影响下的动态发展态势。空间结构理论还包括空间极化理论和空间结构分异理论。

空间结构分异是旅游区划和旅游产业布局的理论依据。旅游产业发展以周围地域的自然和社会发展状况为基础和依托，自然环境和社会环境因其要素状况分异而存在空间差异，这种差异也会导致旅游产业活动的地域分异，因此旅游业与其依托的资源与环境形成的地域综合体，以及具有差异性的其他空间要素，如自然资源、生态环境和社会经济环境等一同构成了差异化的旅游区域功能和区域分类。

2. 旅游环境承载力理论

旅游环境承载力（又称为旅游容量），这一概念是从生态学中的环境容量概念发展过来的，谢彦君在其《基础旅游学》中将其定义为对旅游地而言无害于其可持续发展的旅游活动量[121]。国内学者对旅游环境承载力的概念和理论进行了较多的探讨和研究，虽对其概念的表述各不相同，测量的技术和方法也多有差异，但对其核心内涵的认知大都相同，即小于旅游区域能承受阈值的旅游活动量。旅游业的发展以自然资源和人文环境为基础和依托，自然环境和人文环境又对旅游产业和旅游活动产生反应，形成一个相互作用的动态复合系统。当旅游活动对自然资源和人文环境产生的影响超过其承受限度和生态底线时，旅游活动与环境的复合系统就得不到良性有序的发展，从而形成破坏和损害。旅游环境承载力的研究应运而生。旅游环境承载力是在一定时空范围内旅游活动与环境的复合系统其自身良性循环的前提下，所能承载的旅游活动量的极限值。旅游环境承载力通常包括资源环境承载量、环境生态承载量、社会地域承载量和经济发展承载量等内容[122]。将旅游活动控制在旅游环境的承受限度以内是旅游业能够实现可持续发展的前提和基础。

3. 可持续发展理论

1990 年在温哥华召开的全球"可持续发展大会"上首次提出了"可持续旅游发展"的目标。这是可持续发展理论和旅游业的结合和发展，从此，如何实现旅游可持续发展成为可持续发展研究的重要领域。1993 年，世界旅游组织（WTO）将可持续旅游定义为："这是一种经济发展模式，可以改善社区生活，提升游客旅游品质、维护当地社区和游客所依赖的环境质量。"在旅游高速发展的今天，旅游发展过程中旅游活动与环境的矛盾时有发生，有些矛盾甚至日益突出。在尊重人地差异的基础上，更应遵循人地和谐共生、协同发展的系统优化论，实现可持续发展的最高境界。要实现旅游业综合效益最大化，关注经济效益增加的同时更应该重视社会效益的提升，使旅游发展良性有序，必须以旅游可持续发展理论为依托，协调旅游活动与资源环境和经济社会的关系，从生态系统整体的角度进行旅游业的发展。

4. 旅游规划理论

旅游活动是综合性的活动，国内外对旅游的研究均涉及旅游活动的各个领域，这就决定了旅游学是一门交叉学科，与生俱来就具有多学科和跨学科的特点。旅游规划理论是旅游开发和区域发展规划的理论基础和科学依据，其理论体系涉及自然环境、人文经济等各个领域和学科。国内具有代表性的是吴必虎等阐述的旅游规划需要多学科的支持，将旅游规划理论从旅游系统理论、地理学与区域科学、城市与区域规划、经济学与管理学、生态学与景观学、人类学与社会学、心理学与行为科学、历史学、考古学和遗产研究八个方面进行了阐述和分析[123]。

5. 地理信息系统

地理信息系统（GIS, Geographic Information System），也称为"地理信息科学"，是结合了地理学、地图学、环境科学、城市科学、信息科学、管理科学以及遥感和计算机科学等多个学科的交叉学科。GIS 是用于采集、储存、检索、解析和表达地理空间位置及与之相关的属性数据，并以解决用户问题等为主要任务的系统，已经广泛应用在不同的领域。GIS 不仅是一门采集、储存、解析和表达地理空间数据的交叉学科；还是一个以地理空间数据库为基准，通过多种数学空间模型实现数据处理及空间分析，为空间信息科学研究及政府部门规划决策服务的计算机系统。

GIS 处理和管理的地理数据包括空间位置数据、遥感影像数据、图形数据、属性数据等，处理和分析研究区域内各种地理关系，使复杂的地理现象和过程简单清晰化，为决策者提供规划、管理依据。

第三章
山东省旅游发展与旅游产业空间分布状况研究

一、山东省旅游业综合实力及发展总体状况

近年来，随着人民生活水平的提升以及休闲旅游的需要，当前旅游产业综合产值日益增加。山东省具有利于旅游发展的优越基础条件，其地处黄河下游，位于我国东部沿海地区，区位优势显著。改革开放以来，山东省旅游业发展迅速，旅游业产值逐年增加，2017年，山东省旅游总收入9200亿元，共接待国内外游客7.8亿人次，在全国各省市排行榜中位列第四。山东省是旅游大省，是全国七个全域旅游示范省创建省份之一。2018年1月，经国务院正式批复，山东省设立新旧动能转换综合试验区，该试验区的设立是我国第一个以新旧动能转换为主题的区域发展战略。在新旧动能转换中，精品旅游产业作为山东省规划的"十强"产业之一，是山东省未来经济增长点，政府工作重点，旅游经济发展与区域经济增长联系紧密，相辅相成，相互促进。旅游经济发展与区域经济增长正相关，旅游业快速发展有利于推动山东省经济增长。本章选取旅游发展三级评价指标，通过综合评价的方法得到山东旅游综合实力总得分，以期获取山东省近十年旅游发展总体态势变化情况。

（一）山东省旅游业综合测评指标

1.指标选取

测评指标的选取是综合测评的基础，也会直接影响到测评的结果。区域旅游综合实力受多重因素影响，本书依据综合性、系统性、简洁性、可量可比可操作性等原则，构建出了山东旅游综合实力测评指标体系架构，包括3个二级指标和8个三级指标，如表3-1所示。第一，旅游地经济因子。该指

标主要体现山东省经济收入相关的情况。包括旅游总收入、地区入境游客消费、旅游区位商 3 个三级指标。其中旅游区位商代表山东省旅游产业在整个地区的专业化水平，其计算公式为：

$$L = \frac{m_i / m}{n_i / n} \qquad (3-1)$$

L 表示山东省旅游区位商；i 表示旅游产业，m_i 表示山东省旅游总收入；m 表示山东省国内生产总值；n_i 表示全国旅游总收入，n 表示全国国内生产总值。若 L 大于 1，则表示山东省旅游业相对专业化，大于 1.12 则意味高水平的专业化。第二，旅游接待因子。该指标主要体现山东省旅游接待设施及服务能力。包括星级饭店总数、旅行社总数、旅客周转量 3 个三级指标。第三，人力支撑因子。该指标主要体现山东省旅游院校人力资源情况。包括旅游院校数及旅游院校学生数 2 个三级指标。

以上指标数据主要源于 2006～2016 年《中国旅游统计年鉴》《山东旅游统计便览》以及相关网站数据整理。为便于后面数据的计算，将山东省 8 项指标的历年数据利用 min-max 标准化进行处理，其公式为：

$$x'_{ij} = \frac{x_{ij} - x_{\min}}{x_{\max} - x_{\min}} \quad （i = 1, 2, \cdots, m；j = 1, 2, \cdots, n） \qquad (3-2)$$

其中，x'_{ij} 为标准化后数据，x_{ij} 为指标原始数据，$x_{\min}$ 为样本数据的最小值，$x_{\max}$ 为样本数据的最大值，为避免综合测评得分值过小，这里将标准化数值扩大 100 倍（表 3-1）。

表 3-1 山东旅游综合实力测评指标标准化值

	旅游总收入	地区入境游客消费	旅游区位商	星级饭店总数	旅行社总数	旅游周转量	旅游院校数	旅游院校学生数
2016 年	100.00	100.00	75.98	0.00	100.00	24.79	100.00	38.56
2015 年	85.62	91.85	70.90	9.82	98.74	20.50	77.05	46.14
2014 年	72.71	82.96	58.80	35.79	87.16	21.86	34.43	35.60

	旅游总收入	地区入境游客消费	旅游区位商	星级饭店总数	旅行社总数	旅游周转量	旅游院校数	旅游院校学生数
2013 年	57.73	83.79	78.13	59.65	76.00	100.00	31.15	80.05
2012 年	47.87	93.18	73.48	61.05	68.00	93.68	29.51	70.36
2011 年	36.24	74.98	57.04	86.67	47.37	82.83	37.70	100.00
2010 年	26.18	55.68	100.00	95.79	42.53	74.22	62.30	88.71
2009 年	17.17	36.66	85.75	100.00	23.58	68.24	45.90	90.16
2008 年	10.54	18.42	56.51	65.96	26.32	50.75	32.79	95.20
2007 年	5.32	16.48	21.95	36.84	24.00	14.40	0.00	0.00
2006 年	0.00	0.00	0.00	8.07	0.00	0.00	26.23	26.20

2. 指标权重确定

测评指标权重的计算采用层次分析法（AHP）及熵值法两种方法。使用 AHP 计算二级指标 $B1$、$B2$、$B3$ 以及三级指标 $C1$-$C6$ 的权重，通过征询旅游专业研究领域相关专家、学者对于同一层因子相对上一层因子重要性的判断意见，构建了 A-B 判断矩阵、$B1$-C 判断矩阵、$B2$-C 判断矩阵，并计算出各测评指标权重值 $W=(W1, W2 \cdots\cdots Wn) t$，如表 3-2 所示。为了保证 AHP 得到的结论基本合理，需要对构造的判断矩阵的计算结果进行一致性检验，得到判断矩阵的偏差一致性指标 CI，随机一致性比率 CR，其中，$CI=\dfrac{\lambda_{\max}-n}{n-1}$；$CR=\dfrac{CI}{RI}$，$\lambda_{\max}$ 为判断矩阵的最大特征根，RI 为平均随即一致性指标。根据计算结果可知，三个判断矩阵 CR 分别为 0.0158、0.0079、0.0157 均＜0.1，具有满意的一致性，通过检验。

熵值法是一种客观赋权法，是通过评价指标的固有信息来判断指标的效用价值，它可以避免主观的人为因素所带来的偏差，使用熵值法计算其余三级指标的权重，将标准化后的数据换算为比重值，根据比重值计算出指标的

$$e_j = -k * \sum_{i=1}^{n} P_{ij} \ln(P_{ij}) \text{ , 一般令 } k = \frac{1}{\ln n};$$

熵值 e_j 以及权重 W_j，其中：

$$W_j = \frac{1-e_j}{\sum_{j=1}^{n}(1-e_j)} , j = 1, 2 \cdots n \qquad (3-3)$$

表 3-2 山东旅游综合实力测评指标体系表

一级指标	二级指标	变量	权重	三级指标	变量	单位	权重
山东旅游综合实力 A	旅游经济因子	B1	0.6232	旅游总收入	C1	亿元	0.5390
				地区国际旅游（外汇）收入	C2	万美元	0.2973
				旅游区位商	C3	%	0.1638
	旅游接待因子	B2	0.2395	星级饭店总数	C4	家	0.5571
				旅行社总数	C5	家	0.1226
				旅游周转量	C6	百万人千米	0.3202
	人力支撑因子	B3	0.1373	旅游院校数	C7	家	0.5284
				旅游院校学生数	C8	人	0.4716

（二）综合实力测评与分析

计算山东旅游综合实力测评总分值，根据表 3-2 中计算得到的指标权重以及标准化处理后的指标分值，使用公式：

$$B_I = \sum_{i=1}^{n} c_i \times W_i , i = 1, 2 \cdots n \qquad (3-4)$$

式中，B_I 为山东省某年第 I 个二级指标因子测评分值；C_i 为某年第 i 个三级指标因子测评分值；W_i 为 i 测评指标的权重；n 为指标个数。通过计算得到三级指标各因子的测评分值。根据得到的 B_I 分值以及二级指标权重，使用公式：

$$A = \sum_{I=1}^{n} B_I \times W_I, \mathrm{I} = 1,2\cdots\mathrm{n} \qquad (3\text{-}5)$$

进行计算,得到山东旅游综合实力测评总得分(如表3-3、图3-1所示)。

表3-3 山东旅游综合实力测评结果

	2016年	2015年	2014年	2013年	2012年	2011年	2010年	2009年	2008年	2007年	2006年
B1	96.07	85.07	73.48	68.82	65.53	51.17	47.04	34.20	20.41	11.36	0.00
B2	20.20	24.14	37.63	74.58	72.35	80.62	82.35	80.46	56.23	28.08	4.50
B3	71.03	62.47	34.98	54.21	48.77	67.08	74.75	66.77	62.22	0.00	26.22
A	74.46	67.37	59.61	68.19	64.86	60.40	59.30	49.75	34.73	13.81	4.68

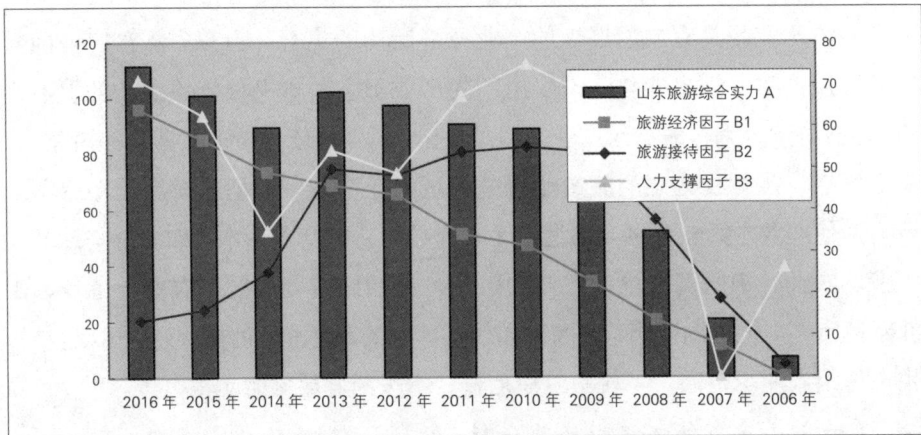

图3-1 山东旅游综合实力测评示意图

通过山东旅游综合实力测评结果可以看出,山东省旅游总体实力一直呈现持续增长的态势,前期增长迅速后期增速趋缓,其综合测评得分由2006年的4.68增长为2016年的74.46,综合实力明显增强。第一,旅游经济因子(B1)历年测评得分一直保持平稳较快的增长。其中旅游区位商皆大于1.12表示山东省旅游业已处于高水平的专业化程度。第二,旅游接待因子测评得分2006年~2010年增速一路上扬,到了2010年后略有下降。自2009年7月1日山东省旅游局发布实施《好客山东旅游服务标准》，加强对旅行社、星级饭店等服务设施的标准规范，星级饭店总数自 2010 年出现小幅回落。第三，人力支撑因子测评得分于 2007 年出现低谷，究其原因，主要是 2007 年山东省高考模式有了较大的改变，考试时间由 2 天改为 3 天，试卷结构采用了"3+X+1"的新模式，且 2006、2007 年教育部开始实施紧缩政策，减缓了高校扩招，使得旅游高等院校招生受到了一定程度的影响。2008 年山东省招生总规模同比增长 5%，且由于奥运会、世博会对国内旅游大环境的拉动作用，2008～2011年山东省旅游院校招生情况得到回升，2014 年再次出现低谷。究其原因，主要是 2014 年 9 月，国务院发布《关于深化考试招生制度改革的实施意见》对考试形式和内容启动进行了改革，导致招生再次滑落。

二、山东省旅游产业结构及产业空间布局分析

旅游产业是具有旅游属性的企业经济活动的集合。山东省旅游产业随着旅游发展产生了很多变化，衍生出新的产业形态。本书根据旅游业的发展趋势，将旅游业分为传统旅游产业与新型旅游产业。传统旅游产业即以旅游景区、星级饭店、旅行社为主的旅游业传统领域产业形态。新型旅游产业即旅游产业与其他产业之间相互融合渗透，逐渐形成的新的产业形态，如旅游与地产、工业、农业、中医药健康等产业的融合，包括旅游度假区、农业示范点、工业示范点、文化主题饭店、美丽田园、旅游乡镇、旅游特色村、美丽休闲乡村、生态休闲农业示范园、乡村旅游模范村、中医药健康旅游示范区等。

（一）山东省传统旅游产业分析

山东地处华北平原东部、黄河下游，属暖温带半湿润季风气候。山东省面积 15.69 万平方千米，截至 2019 年，全省辖 16 个地级市，分别为济南市、青岛市、烟台市、威海市、潍坊市、临沂市、济宁市、淄博市、东营市、日照市、泰安市、滨州市、枣庄市、德州市、聊城市、菏泽市。根据 2017 年山东省 16地市旅游景区统计数据（表 3-4）、星级饭店统计数据（表 3-5）以及旅行社统计数据（表 3-6）显示，青岛市凭借其绝佳的山海城组合，优美的城市环境，旅游业领先优势明显，星级饭店 105 家、旅行社 93 家均居全省首位，景区总量共 122 个，位列全省第二；临沂市拥有丰富的山水田园、红色遗迹、地质地貌等特色旅游资源，景区总量 174 个，居全省之首；著名的避暑胜地烟台市被誉为"仙境海岸"，其旅游接待设施完善，拥有星级酒店 92 家、旅行社 57 家，均位列全省第二位，景区总量 86 个；济南市为山东省省会城市，因其丰富优质的泉水资源具有"泉城"之称，星级酒店 62 家、旅行社 39 家，分别排名第三、第四位；占地面积较小的威海市山海风光优美、气候条件适宜，

表 3-4 2017 年山东省 16 地市旅游景区统计表

序号	城市名称	景区												
		总数	占比	5A	占比	4A	占比	3A	占比	2A	占比	A	占比
1	济南	66	5.64%	1	9.09%	16	7.48%	29	5.11%	19	5.07%	1	25.00%
2	青岛	122	10.42%	1	9.09%	24	11.21%	74	13.05%	22	5.87%	1	25.00%
3	烟台	86	7.34%	2	18.18%	20	9.35%	45	7.94%	19	5.07%	0	0.00%
4	威海	49	4.18%	2	18.18%	13	6.07%	30	5.29%	4	1.07%	0	0.00%
5	潍坊	101	8.63%	1	9.09%	24	11.21%	44	7.76%	32	8.53%	0	0.00%
6	临沂	174	14.86%	1	9.09%	25	11.68%	54	9.52%	94	25.07%	0	0.00%
7	济宁	120	10.25%	1	9.09%	15	7.01%	68	11.99%	35	9.33%	1	25.00%
8	淄博	52	4.44%	0	0.00%	15	7.01%	23	4.06%	14	3.73%	0	0.00%
9	东营	34	2.90%	0	0.00%	6	2.80%	19	3.35%	9	2.40%	0	0.00%
10	日照	51	4.36%	0	0.00%	8	3.74%	32	5.64%	11	2.93%	0	0.00%
11	泰安	68	5.81%	1	9.09%	11	5.14%	38	6.70%	18	4.80%	0	0.00%
12	滨州	58	4.95%	0	0.00%	9	4.21%	37	6.53%	12	3.20%	0	0.00%
13	枣庄	50	4.27%	1	9.09%	12	5.61%	19	3.35%	18	4.80%	0	0.00%
14	德州	68	5.81%	0	0.00%	8	3.74%	22	3.88%	38	10.13%	0	0.00%
15	聊城	47	4.01%	0	0.00%	4	1.87%	23	4.06%	20	5.33%	0	0.00%
16	菏泽	25	2.13%	0	0.00%	4	1.87%	10	1.76%	10	2.67%	1	25.00%
	共计	1171	100.00%	11	100.00%	214	100.00%	567	100.00%	375	100.00%	4	100.00%

表 3-5 2017 年山东省 16 地市星级饭店统计表

序号	城市名称	星级饭店											
		总数	占比	五星	占比	四星	占比	三星	占比	二星	占比
1	济南	72	10.86%	3	8.82%	24	15.38%	34	8.35%	11	16.67%
2	青岛	105	15.84%	10	29.41%	27	17.31%	63	15.48%	5	7.58%
3	烟台	92	13.88%	7	20.59%	20	12.82%	63	15.48%	2	3.03%
4	威海	59	8.90%	2	5.88%	15	9.62%	40	9.83%	2	3.03%
5	潍坊	44	6.64%	3	8.82%	16	10.26%	22	5.41%	3	4.55%
6	临沂	34	5.13%	2	5.88%	6	3.85%	20	4.91%	6	9.09%
7	济宁	47	7.09%	1	2.94%	9	5.77%	29	7.13%	8	12.12%
8	淄博	30	4.52%	2	5.88%	4	2.56%	19	4.67%	5	7.58%
9	东营	22	3.32%	2	5.88%	4	2.56%	15	3.69%	1	1.52%
10	日照	25	3.77%	0	0.00%	5	3.21%	18	4.42%	2	3.03%
11	泰安	45	6.79%	1	2.94%	5	3.21%	26	6.39%	13	19.70%
12	滨州	17	2.56%	0	0.00%	4	2.56%	10	2.46%	3	4.55%
13	枣庄	18	2.71%	0	0.00%	5	3.21%	13	3.19%	0	0.00%
14	德州	20	3.02%	0	0.00%	6	3.85%	11	2.70%	3	4.55%
15	聊城	21	3.17%	1	2.94%	5	3.21%	13	3.19%	2	3.03%
16	菏泽	12	1.81%	0	0.00%	1	0.64%	11	2.70%	0	0.00%
共计		663	100.00%	34	100.00%	156	100.00%	407	100.00%	66	100.00%

表 3-6 2017 年山东省 16 地市旅行社统计表

序号	城市名称	旅行社							
		总数	占比	5A	占比	4A	占比	3A	占比
1	济南	42	9.42%	13	37.14%	16	23.19%	13	3.80%

（续表）

2	青岛	93	20.85%	11	31.43%	15	21.74%	67	19.59%
3	烟台	57	12.78%	5	14.29%	2	2.90%	50	14.62%
4	威海	48	10.76%	1	2.86%	6	8.70%	41	11.99%
5	潍坊	28	6.28%	0	0.00%	8	11.59%	20	5.85%
6	临沂	13	2.91%	1	2.86%	2	2.90%	10	2.92%
7	济宁	22	4.93%	0	0.00%	1	1.45%	21	6.14%
8	淄博	15	3.36%	1	2.86%	4	5.80%	10	2.92%
9	东营	22	4.93%	3	8.57%	2	2.90%	17	4.97%
10	日照	17	3.81%	0	0.00%	7	10.14%	10	2.92%
11	泰安	27	6.05%	0	0.00%	0	0.00%	27	7.89%
12	滨州	10	2.24%	0	0.00%	4	5.80%	6	1.75%
13	枣庄	27	6.05%	0	0.00%	0	0.00%	27	7.89%
14	德州	10	2.24%	0	0.00%	1	1.45%	9	2.63%
15	聊城	6	1.35%	0	0.00%	0	0.00%	6	1.75%
16	菏泽	9	2.02%	0	0.00%	1	1.45%	8	2.34%
	共计	446	100.00%	35	100.00%	69	100.00%	342	100.00%

旅游业发展较好，其星级酒店59家、旅行社48家，分别排名第四、第三位；另外，旅游景区数量较多的城市有济宁（120个）、潍坊（101个）、烟台（86个）、泰安（68个）、德州（68个）等。

根据统计数据发现，山东省16地市传统旅游产业存在地区间发展不均，同一区域内旅游资源与接待设施不匹配等问题。一方面，城市之间发展不平衡。青岛市传统旅游产业优势显著，旅行社、星级饭店、旅游景区分别占全省总量20.85%、15.84%、10.42%，而菏泽旅行社、星级饭店、旅游景区皆位于全省末位，仅占全省总量1.81%、2.13%、2.02%。另一方面，城市内旅游资源与接待设施不匹配。例如，临沂市景区数量174个居于全省首位，然而旅游接待设施不足,星级饭店 34 个占全省 5.13%,旅行社 13 个占全省 2.91%,产业发展不平衡,制约了旅游业健康持续发展。

(二)山东省新型旅游产业结构分析

2018 年 9 月 7 日山东省委、省政府印发《大力推进全域旅游高质量发展实施方案》,方案提出要发展乡村全域旅游助推乡村全面振兴;要推进全域旅游跨界融合,特别是现代信息技术、医疗健康等新旧动能转换"十强"产业的跨界融合。通过创新培育新型旅游产业,营造全域旅游良好的发展前景。根据 2017 年山东省 16 地市旅游新型产业统计数据发现(见表 3-7),旅游度假区主要分布于山东省东部海滨城市,烟台市旅游度假区总量最多,青岛市、潍坊市、威海市紧随其后;在农业与旅游融合方面,山东省表现不俗,截至 2017 年底共有旅游特色村 1202 个、旅游强乡镇 529 个、乡村旅游模范村 61 个、美丽休闲乡村 20 个、生态休闲农业示范园 22、美丽田园 20 个,其中济宁市表现突出,旅游特色村 154 个、旅游强乡镇 58 个,总量位于全省第一;在医疗健康与旅游融合方面,山东省首批中医药健康旅游示范区中,共有中医药健康旅游示范基地创建单位 10 家、中医药健康旅游示范项目创建单位 57 家,其中济南市居全省首位,示范基地创建单位 2 家、示范项目创建单位 12 家。

表 3-7 2017 年山东省 16 地市旅游新型产业统计表

序号	城市名称	旅游度假区	农业示范点		工业示范点		文化主题饭店		美丽田园	旅游强乡镇	旅游特色村	美丽休闲乡村	生态休闲农业示范园	乡村旅游模范村	中医药健康旅游示范区	
			全国	山东	全国	山东	金星级	银星级							基地	项目
1	济南	2	9	85	0	16	1	4	3	36	103	2	3	7	2	12
2	青岛	6	10	138	8	22	0	0	1	36	80	0	2	4	1	3
3	烟台	10	10	52	6	12	4	2	1	38	101	1	5	5	0	5
4	威海	5	5	81	4	29	2	2	1	38	76	0	3	5	1	3
5	潍坊	6	6	44	2	29	0	0	2	32	38	1	1	2	1	3

（续表）

6	临沂	3	7	100	1	33	2	0	1	43	86	2	1	7	0	3
7	济宁	3	5	92	3	16	4	2	1	58	154	2	2	5	0	6
8	淄博	1	4	96	2	26	0	0	1	29	82	1	2	4	2	3
9	东营	0	0	42	0	7	0	0	1	21	34	1	0	1	0	0
10	日照	2	9	27	1	5	1	0	1	21	54	1	1	2	2	2
11	泰安	3	1	59	3	9	0	0	1	39	87	1	1	4	0	5
12	滨州	0	2	59	0	20	0	0	2	29	79	2	2	5	1	3
13	枣庄	1	6	60	0	1	0	0	1	33	77	1	1	4	0	3
14	德州	1	4	36	4	36	1	0	1	26	39	1	1	2	0	2
15	聊城	1	2	9	3	7	2	0	1	19	34	1	2	1	0	3
16	菏泽	1	0	36	0	19	0	0	1	31	78	1	1	2	1	1
	共计	45	80	1016	40	295	15	10	20	529	1202	20	22	61	10	57

（三）山东省旅游产业空间布局分析

1. 山东省旅游产业空间布局

根据山东省传统旅游产业和新型旅游产业的分布状况，在 ArcGIS 中在 Display-Classify 下面利用分级显示功能绘制了山东省传统旅游产业和新型旅游产业的空间分布图。传统旅游产业即以旅游景区、星级饭店、旅行社为主的旅游业传统领域的经营形态。新型旅游产业即旅游产业与其他产业之间相互融合渗透，逐渐形成新的产业形态，如旅游与工业、农业、中医药健康、地产等产业的融合，包括旅游度假区、农业示范点、工业示范点、文化主题饭店、美丽田园、旅游乡镇、旅游特色村、美丽休闲乡村、生态休闲农业示范园、乡村旅游模范村、中医药健康旅游示范区等。

空间分布图重点是数据的处理，即如何把 Excel 的数据和空间数据关联起来，在绘制的过程中通过修改矢量文件的属性表，添加所需字段来最终实现的。

（1）山东省传统旅游产业空间分布情况。根据第三部分山东省各区县传统旅游产业统计表可以看出，核密度最高的区域集中在济南市、泰安市、枣庄市、青岛市辖区以及沂水县和临邑县周围和附近；核密度较高的区域主要集中在章丘区、东平县、曲阜市、济宁市、邹城市、肥城市、青州市、东营市、沂南县、蒙阴县、即墨区、招远市、蓬莱市、海阳市、乳山市、荣成区周边，滨州市行政驻地周边的区县旅游产业空间分布的核密度处于较低水平，菏泽市、德州市以及聊城市周边区县核密度处于低等水平，旅游发展层级不高。通过对比山东省土地利用分布图及山东各区县经济水平，不难发现，传统旅游产业高密度区域是和经济水平以及资源禀赋相关的。例如，高密度区域的济南市和青岛市，经济水平较高并且区域内有丰富的旅游资源。再如沂水和临邑两县，区域内主要以林地为主，旅游业主要依托该地区特有的地质奇观，集中发展。山东省传统旅游产业的景区酒店在16个地级市的空间分布呈现出明显的差异性，呈现了明显的"东高西低"的分布形态。整个东部半岛地区的传统业态旅游发展水平远远高出西部区域。其分布与山东省区域旅游发展水平差异基本特征相吻合。由此可见，传统旅游产业分布密度比较大的区县主要集中在济南市、青岛市等相对发达的城市和资源禀赋状况突出的区县，如青岛市的崂山区、临沂市的沂水县等。

（2）新型旅游产业用地状况。根据第三部分山东省各区县新型旅游产业统计表可以看出，核密度最高的区域集中在济南市辖区，章丘区，淄博市，泰安市，枣庄市，青岛市辖区，潍坊市辖区，威海市辖区，荣成市，邹城市，沂源县以及日照市周围和附近；核密度较高的区域主要集中在济南的长清区、莱芜区，滕州市，微山县，东平县，曲阜市，济宁市，邹城市，肥城市，沂水县，蒙阴县，沂南县，费县，临沂市辖区，五莲县，即墨区，胶州市，莱西市，莱州市，蓬莱市，乳山市周边，滨州市和东营市以及菏泽市行政驻地周边的区县新业态旅游空间分布的核密度处于较低水平，德州市以及聊城市周边区县新型旅游产业分布核密度处于低等水平，新旅游发展层级不高。山东省新型旅游产业在16个地级市的空间分布呈现了较为明显的层级分布的形态。市辖区层级新型旅游产业发展水平明显高于周围区县发展水平。其他整个东部半岛地区的新型旅游产业发展水平仍高出西部区域。

旅游业对经济的带动作用日趋明显，各旅游产业利益相关群体都积极投入到各种形式的旅游开发中，这就极大地推进了旅游业态的井喷，如图3-3所示，虽然高密度区和传统旅游产业分布密度有一定的重合，但是新型旅游产业的分布密度明显高于传统业态，可以看出各区县旅游开发的热情和旅游开发项目的多样化，特别是一些资源禀赋条件并不理想的区县，也在经济利益的驱使下进行了各种新型旅游业态的开发。

2. 山东省各地市旅游产业空间分布

（1）济南市。济南市是山东省的省会城市，地处北纬 36°01′～37°32′，东经 116°11′～117°44′，位于山东中部，地势南高北低，地形可分为北部临黄带、中部山前平原带、南部丘陵山区带三带。济南市是重要的交通枢纽，东临淄博市，南靠泰安市，西接聊城市与德州市，北连滨州市。2019 年 1 月9 日，国务院批复同意山东省行政区划调整，撤销莱芜市划归济南市管辖，济南市总面积 10244 平方千米。根据济南市人民政府官网显示，截至 2019 年，济南市辖 10 个市辖区（市中区、历下区、天桥区、槐荫区、历城区、长清区、章丘区、济阳区、莱芜区、钢城区）、2 个县（平阴县、商河县）。

根据 2017 年济南市旅游传统产业统计数据发现（表3-8），在旅游景区方面，章丘区数量最多共有 16 个，其次是莱芜区 14 个；旅游接待设施主要分布于历下区，旅行社 19 家、星级饭店 25 家，且全市五星级饭店皆位于该区。根据 2017 年济南市旅游新型产业统计数据发现（表3-9），两个旅游度假区分别位于长清区与莱芜区；在农业与旅游融合方面，章丘区（旅游特色村 19 个、旅游强乡镇 11 个）、历城区（旅游特色村 21 个、旅游强乡镇 4 个）、长清区（旅游特色村 15 个、旅游强乡镇 4 个）发展较好；在医疗健康与旅游融合方面，全市共有 2 家中医药健康旅游示范基地创建单位，分别位于历城区和长清区，共有 12 家示范项目创建单位，分别位于章丘区、市中区、莱芜区以及历下区、长清区、商河县、平阴县。

表 3-8 2017 年济南市旅游传统产业统计表

序号	区域名称	面积（平方千米）	景区（个）						星级饭店（家）					旅行社（家）			
			总数	5A	4A	3A	2A	A	总数	五星	四星	三星	二星	总数	5A	4A	3A
1	市中区	278	1	0	0	0	0	0	3	0	1	2	1	8	3	4	1
2	历下区	101	3	1	1	0	0	1	25	3	7	12	3	19	7	7	5
3	槐荫区	150	4	0	1	1	2	0	9	0	0	4	5	1	0	1	0
4	历城区	1298	8	0	5	2	1	0	5	0	0	3	2	4	3	1	0
5	长清区	1178	7	0	2	4	1	0	3	0	1	2	0	0	0	0	0
6	天桥区	249	1	0	0	1	0	0	4	0	2	2	0	1	0	1	0
7	莱芜区	1740	14	0	3	7	4	0	8	0	5	3	0	0	0	0	2
8	钢城区	507	3	0	0	3	0	0	2	0	0	2	0	1	0	1	0
9	章丘区	1719	16	0	4	7	5	0	5	0	2	3	0	6	0	1	5
10	商河县	1163	4	0	0	2	2	0	1	0	1	0	0	0	0	0	0
11	平阴县	827	5	0	0	10	4	0	0	0	0	0	0	0	0	0	0
12	济阳区	1076	0	0	0	0	0	0	1	0	0	1	0	0	0	0	0

表 3-9 2017 年济南市旅游新型产业统计表

序号	区域名称	旅游度假区	农业示范点		工业示范点		文化主题饭店		美丽田园	旅游强乡镇	旅游特色村	美丽休闲乡村	生态休闲农业示范园	乡村旅游模范村	中医药健康旅游示范区	
			全国	山东	全国	山东	金星级	银星级							基地	项目
1	市中区	0	0	1	0	0	0	1	0	0	0	0	0	0	2
2	历下区	0	0	0	0	2	1	3	0	0	0	0	0	0	1
3	槐荫区	0	0	0	0	0	0	0	0	0	0	0	0	0	0
4	历城区	0	1	15	0	2	0	0	1	4	21	0	0	1	1	0

（续表）

5	长清区	1	0	17	0	2	0	0	0	4	15	0	0	2	1	1
6	天桥区	0	0	4	0	0	0	0	0	0	0	0	0	0	0	0
7	莱芜区	1	6	4	0	1	0	0	1	5	10	1	1	2	0	2
8	钢城区	0	0	3	0	1	0	0	0	1	4	0	0	1	0	0
9	章丘区	0	1	19	0	3	0	0	0	11	19	1	1	1	0	4
10	商河县	0	0	8	0	0	0	0	0	4	8	0	0	0	0	0
11	平阴县	0	1	3	0	4	0	0	0	4	12	0	1	0	0	0
12	济阳区	0	0	11	0	1	0	0	1	3	7	0	0	0	0	0

（2）青岛市。青岛市地处北纬 35°35′～37°09′，东经 119°30′～121°00′，位于山东半岛南部，地势东高西低，是海滨丘陵城市。青岛市是我国重要的海上交通枢纽，城市东南濒临黄海，北临烟台市，西接潍坊市与日照市。根据青岛市人民政府官网显示截至 2017 年 9 月，青岛市下辖 7 个市辖区（市南区、市北区、崂山区、黄岛区、李沧区、城阳区、即墨区），代管 3 个县级市（胶州市、莱西市、平度市）。根据 2017 年青岛市旅游传统产业统计表所示（表 3-10），在旅游景区方面，黄岛区数量最多 24 个，其次分别为市南区（16 个）、即墨区（16 个）、崂山区（15 个）、莱西市（13 个）；旅游接待设施主要集中于市南区，旅行社 36 家、星级饭店 27 家、其中五星级饭店 5 家占全市的 1/2，其次是市北区（旅行社 22 家、星级饭店 11 家）、崂山区（旅行社 10 家、星级饭店 9 家）、黄岛区（旅行社 6 家、星级饭店 21 家）、城阳区（旅行社 4 家、星级饭店 11 家）。根据 2017 年青岛市旅游新型产业统计数据发现（表 3-11），6 个旅游度假区分别位于黄岛区、崂山区、即墨区、胶州市；在农业与旅游融合方面，崂山区（旅游特色村 17 个、乡村旅游模范村 2 个、生态休闲农业示范园 1 个）、胶州市（旅游特色村 16 个、旅游强乡镇 7 个）、黄岛区（旅游特色村 14 个、旅游强乡镇 8 个、生态休闲农业示范园 1 个）、城阳区（旅游特色村 11 个、旅游强乡镇 1 个、乡村旅游模范村 1 个）发展较好；在医疗健康与旅游融合方面，青岛市 1 家中医药健康旅游示范基地创建单位

位于即墨区，3家示范项目创建单位，分别位于市南区、黄岛区、即墨区。

表3-10 2017年青岛市旅游传统产业统计表

序号	区域名称	面积（平方千米）	景区（个）					星级饭店（家）					旅行社（家）			
			总数	5A	4A	3A	2A	总数	五星	四星	三星	二星	总数	5A	4A	3A
1	李沧区	98	7	0	1	4	2	5	0	1	4	0	5	0	1	4
2	市南区	30	16	0	4	10	2	27	5	9	11	2	36	8	7	21
3	市北区	51.21	7	0	2	5	0	11	1	0	9	1	22	1	4	17
4	崂山区	396	15	1	4	9	1	9	2	2	5	0	10	2	0	8
5	黄岛区	4192	24	0	8	7	9	21	0	6	15	0	6	0	0	6
6	城阳区	553	9	0	2	7	0	11	2	4	5	0	4	0	0	4
7	即墨区	1780	16	0	1	14	1	4	0	1	3	0	3	0	1	2
8	胶州市	1313	10	0	1	8	1	7	0	1	5	1	4	0	1	3
9	莱西市	1568	13	0	0	7	6	2	0	1	1	0	3	0	1	2
10	平度市	3107	5	0	1	4	0	7	0	1	5	1	0	0	0	0

表3-11 2017年青岛市旅游新型产业统计表

序号	区域名称	旅游度假区	农业示范点		工业示范点		文化主题饭店		美丽田园	旅游强乡镇	旅游特色村	美丽休闲乡村	生态休闲农业示范园	乡村旅游模范村	中医药健康旅游示范区	
			全国	山东	全国	山东	金星级	银星级							基地	项目
1	李沧区	0	0	1	0	0	0	0	0	0	0	0	0	1	0	0
2	市南区	0	0	0	0	0	3	0	0	0	0	0	0	0	0	1
3	市北区	0	0	0	0	0	0	3	0	0	0	0	0	0	0	0
4	崂山区	1	4	6	3	2	0	0	0	0	0	0	17	0	1	2

（续表）

序号	区域名称															
5	黄岛区	3	3	20	2	3	0	0	1	8	14	0	1	0	0	1
6	城阳区	0	2	23	0	0	0	0	0	1	11	0	0	1	0	0
7	即墨区	1	1	24	0	5	0	0	4	9	0	0	0	1	1	
8	胶州市	1	1	24	0	4	0	0	7	16	0	0	0	1		
9	莱西市	0	0	27	0	5	0	0	5	4	0	0	0	0		
10	平度市	0	0	13	0	0	0	0	5	9	0	0	0	0		

（3）烟台市。烟台市地处北纬 $36°16'\sim38°23'$，东经 $119°34'\sim121°57'$，位于山东半岛中北部，地形为低山丘陵区。烟台市东邻威海市，南靠青岛市，西连潍坊市，全市总面积 13746.5 平方千米。根据 2018 年烟台市人民政府官网显示，烟台市辖 4 区（芝罘区、福山区、牟平区、莱山区）、1 县（长岛县）、7 个县级市（龙口市、莱阳市、莱州市、蓬莱市、招远市、栖霞市、海阳市）和国家级经济技术开发区、高新技术产业开发区、保税港区及昆嵛山保护区。根据 2017 年烟台市旅游传统产业统计表所示（表 3-12），在旅游景区方面，海阳市（15 个）、招远市（15 个）、蓬莱市（12 个）、芝罘区（9 个）数量较多，全市 2 个 5A 级景区分别位于龙口市与蓬莱市；旅游接待设施主要集中于烟台市的主城区芝罘区（旅行社 25 家、星级饭店 19 家）以及蓬莱阁 5A 级景区所在地蓬莱市（旅行社 20 家、星级饭店 14 家）。根据 2017 年烟台市旅游新型产业统计数据发现（表 3-13），烟台市旅游度假区数量居于全省首位，10 个旅游度假区均匀地分布于福山区、莱山区、海阳市、莱阳市等 3 区 7 市。

表 3-13 2017 年烟台市旅游传统产业统计表

序号	区域名称	面积（平方千米）	景区（个）						星级饭店（家）					旅行社（家）			
			总数	5A	4A	3A	2A	A	总数	五星	四星	三星	二星	总数	5A	4A	3A
1	福山区	482.8	7	0	3	4	0	0	7	2	2	3	0	2	0	0	2
2	莱山区	258	5	0	1	4	0	0	2	2	5	0		3	0	0	3

（续表）

3	牟平区	1515	4	0	2	1	1	0	4	0	0	4	0	2	0	0	2
4	芝罘区	174.4	9	0	4	5	0	0	19	1	7	10	1	25	4	2	19
5	海阳市	1887	15	0	2	7	6	0	6	0	1	5	0	0	0	0	0
6	莱阳市	1734	5	0	0	2	3	0	5	0	4	1	0	0	0	0	0
7	莱州市	1928	6	0	1	5	0	0	4	0	1	3	0	0	0	0	2
8	龙口市	901	1	1	0	0	0	0	7	1	1	5	0	2	1	0	0
9	蓬莱市	1129	12	1	3	7	1	0	14	1	0	13	0	20	0	0	20
10	栖霞市	2016	6	0	2	4	0	0	6	0	0	6	0	0	1	0	1
11	招远市	1432	15	0	1	6	8	0	6	0	0	5	0	0	0	0	0
12	长岛县	56	2	0	1	1	0	0	5	0	1	3	1	1	0	0	1

表3-13 2017年烟台市旅游新型产业统计表

序号	区域名称	旅游度假区	农业示范点		工业示范点		文化主题饭店		美丽田园	旅游强乡镇	旅游特色村	美丽休闲乡村	生态休闲农业示范园	乡村旅游模范村	中医药健康旅游示范区	
			全国	山东	全国	山东	金星级	银星级							基地	项目
1	福山区	1	2	10	0	1	0	0	0	2	10	0	0	0	0	1
2	莱山区	1	0	4	1	1	0	0	0	4	2	0	0	0	0	0
3	牟平区	1	1	8	0	0	0	0	0	3	12	0	0	0	0	0
4	芝罘区	0	0	0	1	2	0	0	0	0	1	0	0	0	0	0
5	海阳市	1	2	4	0	2	0	0	0	7	9	0	1	0	0	0
6	莱阳市	1	2	0	2	3	0	0	0	2	5	0	0	1	0	0
7	莱州市	1	0	10	0	0	0	0	1	3	20	1	0	0	0	0
8	龙口市	1	1	0	0	0	0	0	0	2	10	0	0	0	0	0

（续表）

9	蓬莱市	1	1	9	1	1	2	1	0	5	10	0	0	2	0	3
10	栖霞市	1	0	3	0	1	0	0	0	2	1	0	0	0	0	1
11	招远市	1	0	4	0	1	0	0	0	5	7	0	0	1	0	0
12	长岛县	0	1	0	0	0	0	0	0	3	13	1	0	1	0	0

　　烟台市在农业与旅游融合方面，莱州市（旅游特色村 20 个、旅游强乡镇 3 个、美丽休闲乡村与美丽田园各 1 个）、长岛县（旅游特色村 13 个、旅游强乡镇 3 个、美丽休闲乡村与美丽田园各 1 个）、牟平区（旅游特色村 12 个、旅游强乡镇 3 个）、蓬莱市（旅游特色村 10 个、旅游强乡镇 5 个、乡村旅游模范村 2 个）、福山区（旅游特色村 10 个、旅游强乡镇 2 个）、龙口市（旅游特色村 10 个、旅游强乡镇 2 个）发展较好；在医疗健康与旅游融合方面，烟台市 5 家中医药健康旅游示范项目创建单位，分别位于蓬莱市（3 家）、福山区（1 家）、栖霞市（1 家）。

　　（4）威海市。威海市地处北纬 36°41′～37°35′、东经 121°11′～122°42′，位于山东半岛东部，为低山丘陵区，三面环海，西连烟台市，面积 5797.74 平方千米。根据威海市人民政府官网显示，截至 2017 年底，威海市辖环翠区、文登区、荣成市和乳山市 2 个区 2 个市。根据 2017 年威海市旅游传统产业统计表所示（表 3-14），在旅游景区以及旅游接待设施方面，环翠区具有领先优势，景区 17 个、星级饭店 32 家、旅行社 36 家，全市 2 个 5A 级景区、2 家五星级饭店以及 1 家 5A 旅行社皆位于该区。根据 2017 年威海市旅游新型产业统计数据发现（表 3-15），全市 5 个旅游度假区分别位于环翠区（2 个）、荣成市（2 个）与乳山市（1 个）；在农业与旅游融合方面，文登区（旅游特色村 26 个、旅游强乡镇 9 个、生态休闲农业示范园 1 个）、荣成市（旅游特色村 20 个、旅游强乡镇 9 个、乡村旅游模范村 3 个）发展较好；在医疗健康与旅游融合方面，威海市 3 家中医药健康旅游示范项目创建单位，分别位于环翠区（2 家）、乳山市（1 家）。

表 3-14 2017 年威海市旅游传统产业统计表

序号	区域名称	面积（平方千米）	景区（个）						星级饭店（家）					旅行社（家）			
			总数	5A	4A	3A	2A	A	总数	五星	四星	三星	二星	总数	5A	4A	3A
1	环翠区	991	17	2	6	8	1	0	32	2	8	21	1	36	1	6	29
2	文登区	1615	6	0	1	5	0	0	6	0	1	5	0	6	0	0	6
3	荣成市	1392	13	0	3	9	1	0	13	0	5	7	1	4	0	0	4
4	乳山市	1668	13	0	3	8	2	0	8	0	1	7	0	2	0	0	2

表 3-15 2017 年威海市旅游新型产业统计表

序号	区域名称	旅游度假区	农业示范点		工业示范点		文化主题饭店		美丽田园	旅游强乡镇	旅游特色村	美丽休闲乡村	生态休闲农业示范园	乡村旅游模范村	中医药健康旅游示范区	
			全国	山东	全国	山东	金星级	银星级							基地	项目
1	环翠区	2	2	36	4	14	1	0	0	15	17	1	0	1	0	2
2	文登区	0	1	8	3	4	0	1	0	9	26	0	1	0	0	0
3	荣成市	2	1	23	0	6	0	0	1	9	20	0	0	3	0	0
4	乳山市	1	1	14	0	5	0	0	0	5	13	0	0	1	0	1

（5）潍坊市。潍坊市地处北纬 35°41′～37°26′，东经 108°10′～120°01′，位于山东半岛中部，地势南高北低，东邻青岛市、烟台市，南接日照市、临沂市，西连淄博市、东营市，全市总面积 16140 平方千米。根据潍坊市人民政府官网显示，截至 2016 年 12 月底，潍坊市辖 4 个区（奎文区、潍城区、寒亭区、坊子区），6 个县级市（青州市、诸城市、寿光市、安丘市、高密市、昌邑市），2 个县（临朐县、昌乐县），另有高新技术产业开发、滨海经济

技术开发区、峡山生态经济发展区、综合保税区 4 个市属开发区。根据 2017 年潍坊市旅游传统产业统计表所示（表 3-16），在旅游景区方面，青州市数量最多，共 16 个，全市 1 个 5A 级景区也位于该区，其次是临朐县（13 个）、诸城市（11 个）、安丘市（10 个）；在旅游接待设施方面，奎文区优势明显，星级饭店 13 家、旅行社 10 家，全市 3 家五星级饭店皆位于该区。根据 2017 年潍坊市旅游新型产业统计数据发现（表 3-17），全市 6 个旅游度假区均匀分布于寒亭区、青州市、诸城市、寿光市、安丘市、昌乐县；在农业与旅游融合方面，寒亭区（旅游强乡镇 12 个、旅游特色村 1 个）、临朐县（旅游特色村 6 个、旅游强乡镇 4 个）、昌乐县（旅游特色村 6 个、旅游强乡镇 2 个）发展较好；在医疗健康与旅游融合方面，全市 1 家中医药健康旅游示范基地创建单位位于寒亭区，3 家示范项目创建单位，分别位于临朐县（2 家）、青州市（1 家）。

表 3-16 2017 年潍坊市旅游传统产业统计表

序号	区域名称	面积（平方千米）	景区（个）						星级饭店（家）					旅行社（家）			
			总数	5A	4A	3A	2A	A	总数	五星	四星	三星	二星	总数	5A	4A	3A
1	奎文区	187.8	9	0	2	4	3	0	13	3	4	6	0	10	0	6	4
2	潍城区	272	4	0	1	1	2	0	5	0	3	2	0	0	0	0	0
3	寒亭区	898	6	0	2	2	2	0	3	0	2	1	0	1	0	0	1
4	坊子区	345	5	0	0	2	3	0	1	0	1	0	0	0	0	0	0
5	青州市	1596	16	1	3	7	5	0	3	0	1	1	1	5	0	1	4
6	诸城市	2183	11	0	5	4	2	0	4	0	2	2	0	3	0	1	2
7	寿光市	2200	9	0	5	2	2	0	1	0	0	1	0	5	0	0	5
8	安丘市	1760	10	0	3	5	2	0	1	0	0	1	0	1	0	0	1
9	高密市	1527	5	0	0	2	3	0	1	0	0	1	0	0	0	0	0
10	昌邑市	1579	6	0	1	3	2	0	3	0	0	2	1	0	0	0	0
11	昌乐县	1101	6	0	1	5	0	0	2	0	0	2	0	1	0	0	1
12	临朐县	1831	13	0	1	6	6	0	3	0	0	2	1	1	0	0	1

表 3-17 2017 年潍坊市旅游新型产业统计表

序号	区域名称	旅游度假区	农业示范点		工业示范点		文化主题饭店		美丽田园	旅游强乡镇	旅游特色村	美丽休闲乡村	生态休闲农业示范园	乡村旅游模范村	中医药健康旅游示范区	
			全国	山东	全国	山东	金星级	银星级							基地	项目
1	奎文区	0	1	1	0	2	0	0	0	0	0	0	1	0	0	0
2	潍城区	0	0	2	0	1	0	0	0	0	0	0	1	0	0	0
3	寒亭区	1	1	6	0	0	0	0	0	0	12	1	0	0	1	0
4	坊子区	0	0	4	0	0	0	0	0	0	2	4	0	0	0	0
5	青州市	1	0	3	1	4	0	0	1	3	5	1	0	2	0	1
6	诸城市	1	1	7	0	1	0	0	0	0	3	2	0	0	0	0
7	寿光市	1	2	7	0	4	0	0	0	0	6	1	0	0	0	0
8	安丘市	1	0	5	0	2	0	0	1	4	5	0	0	1	0	0
9	高密市	0	0	1	0	2	0	0	0	1	4	0	0	0	0	0
10	昌邑市	0	1	4	0	1	0	0	0	4	3	0	0	0	0	0
11	昌乐县	1	0	0	0	0	0	0	0	2	6	0	0	0	0	0
12	临朐县	0	0	0	2	0	3	0	0	0	6	0	0	0	1	2

（6）临沂市。临沂市地处北纬 $34°22'\sim36°13'$，东经 $117°24'\sim119°11'$，位于山东省东南部，地势由西北向东南倾斜，南靠江苏省，北接淄博市、潍坊市，西连枣庄市、济宁市、泰安市，东邻日照市，全市总面积 17191.2 平方千米，是山东省面积最大的市。根据临沂市人民政府官网显示，截至 2015 年底，临沂市辖 3 个区（兰山区、罗庄区、河东区）和 9 个县（郯城县、兰陵县、沂水县、沂南县、平邑县、费县、蒙阴县、莒南县、临沭县），另有临沂高新技术产业、临沂经济技术、临沂临港经济 3 个开发区。根据 2017 年临沂市旅游传统产业统计表所示（表 3-18），在旅游景区方面，临沂市景区

数量位居全省首位，其中沂水县最多有 40 个，随后是沂南县（21 个）、兰山区（19 个）、莒南县（16 个），全市有 1 个 5A 级景区位于平邑县；在旅游接待设施方面，临沂在全省处于中等水平，其中兰山区数量最多，星级饭店 8 家、旅行社 8 家，其次为沂水县，星级饭店 6 家、旅行社 1 家。根据2017 年临沂市旅游新型产业统计数据发现（表 3-19），全市 3 个旅游度假区分别位于河东区（2 个）、蒙阴县（1 个）；在农业与旅游融合方面，蒙阴县发展较好，旅游特色村 21 个、旅游强乡镇 5 个、美丽休闲乡村 1 个、乡村旅游模范村 1 个，沂南县、费县、沂水县也有不错的表现；在医疗健康与旅游融合方面，临沂市 3 家中医药健康旅游示范项目创建单位，分布于兰山区、平邑县、莒南县。

表 3-18 2017 年临沂市旅游传统产业统计表

序号	区域名称	面积（平方千米）	景区（个）						星级饭店（家）					旅行社（家）			
			总数	5A	4A	3A	2A	A	总数	五星	四星	三星	二星	总数	5A	4A	3A
1	兰山区	839	19	0	1	10	8	0	8	1	2	5	0	8	1	1	6
2	河东区	613.4	14	0	4	5	5	0	3	0	1	1	1	1	0	0	1
3	罗庄区	500	6	0	0	3	3	0	2	1	0	1	0	0	0	0	0
4	兰陵县	1724	9	0	1	2	6	0	1	0	0	1	0	0	0	0	0
5	郯城县	1189	7	0	1	0	6	0	0	0	0	0	0	0	0	0	0
6	平邑县	1823	5	1	1	1	2	0	3	0	1	2	0	0	0	0	0
7	蒙阴县	1602	16	0	1	4	11	0	4	0	0	3	1	0	0	0	0
8	沂水县	2435	40	0	6	12	22	0	6	0	1	2	3	1	0	0	1
9	沂南县	1774	21	0	6	7	8	0	3	0	1	1	1	2	0	1	1
10	莒南县	1388	16	0	2	4	10	0	1	0	0	1	0	0	0	0	0
11	临沭县	1010	9	0	1	1	7	0	1	0	0	1	0	0	0	0	0
12	费县	1660	12	0	1	5	6	0	2	0	0	2	0	0	0	0	0

表 3-19 2017 年临沂市旅游新型产业统计表

序号	区域名称	旅游度假区	农业示范点		工业示范点		文化主题饭店		美丽田园	旅游强乡镇	旅游特色村	美丽休闲乡村	生态休闲农业示范园	乡村旅游模范村	中医药健康旅游示范区	
			全国	山东	全国	山东	金星级	银星级							基地	项目
1	兰山区	0	0	13	0	3	0	0	0	1	0	1	1	1	0	1
2	河东区	2	0	3	0	0	1	0	1	3	5	0	0	0	0	0
3	罗庄区	0	1	6	0	2	0	0	0	1	1	0	0	0	0	0
4	兰陵县	0	0	7	0	1	0	0	0	0	0	0	0	0	0	0
5	郯城县	0	1	1	0	1	0	0	0	0	0	0	0	0	0	0
6	平邑县	0	1	5	1	2	0	0	0	3	9	0	0	1	0	1
7	蒙阴县	1	0	16	0	3	0	0	0	5	21	0	0	1	0	0
8	沂水县	0	1	10	0	2	1	0	0	0	13	0	0	1	0	0
9	沂南县	0	0	16	0	10	0	0	0	0	15	0	0	2	0	0
10	莒南县	0	1	6	0	2	0	0	0	0	4	5	0	0	0	1
11	临沭县	0	0	8	0	0	0	0	0	3	4	0	0	0	0	0
12	费县	0	2	9	0	8	0	0	0	4	13	0	0	1	0	0

（7）济宁市。济宁市地处北纬 34°26′～35°57′，东经 115°52′～117°36′，位于山东省西南部，地势平坦，东邻枣庄市、临沂市，西连菏泽市，北接泰安市，南靠江苏省，全市总面积 11187 平方千米。根据济宁市人民政府官网显示，截至 2018 年，济宁市下辖 2 个市辖区（任城区、兖州区），7 个县（微山县、鱼台县、金乡县、嘉祥县、汶上县、泗水县、梁山县），代管 2 个县级市（曲阜市、邹城市），市人民政府驻任城区。根据 2017 年济宁市旅游传统产业统计表所示（表 3-20），在旅游景区方面，邹城市数量最多 28 个，而后是曲阜市（16 个）、任城区（16 个）、兖州区（13 个）、泗水县（13 个），济宁

市有 1 个 5A 级景区位于曲阜市；在旅游接待设施方面，任城区数量最多，星级饭店 10 家、旅行社 13 家，随后是曲阜市（星级饭店 7 家、旅行社 5 家）、兖州区（星级饭店 7 家），全市 1 家 5A 级景区位于兖州区。根据 2017 年济宁市旅游新型产业统计数据发现（表 3-21），全市 3 个旅游度假区分别位于任城区、曲阜市、微山县；在农业与旅游融合方面，邹城市（旅游特色村 27 个、旅游强乡镇 11 个、美丽休闲乡村 1 个、乡村旅游模范村 1 个）、曲阜市（旅游特色村 22 个、旅游强乡镇 8 个、美丽休闲乡村 1 个）、兖州区（旅游特色村 19 个、旅游强乡镇 7 个）发展较好；在医疗健康与旅游融合方面，济宁市 6 家中医药健康旅游示范项目创建单位，分别位于曲阜市（2 家）、邹城市（2 家）、兖州区（1 区）、梁山县（1 家）。

表 3-20　2017 年济宁市旅游传统产业统计表

序号	区域名称	面积（平方千米）	景区（个）						星级饭店（家）					旅行社（家）			
			总数	5A	4A	3A	2A	A	总数	五星	四星	三星	二星	总数	5A	4A	3A
1	任城区	651	16	0	2	7	7	0	10	0	2	8	0	13	0	1	12
2	兖州区	651.1	13	0	1	9	3	0	7	1	0	3	2	0	0	0	0
3	曲阜市	895.9	16	1	3	12	0	0	7	0	2	5	0	5	0	0	5
4	邹城市	1616	28	0	3	14	11	0	4	0	2	2	0	2	0	0	2
5	金乡县	885	7	0	0	7	0	0	1	0	0	0	0	0	0	0	0
6	嘉祥县	968	7	0	0	7	0	0	1	0	0	1	0	0	0	0	0
7	鱼台县	654.2	5	0	0	0	0	0	0	0	0	0	0	0	0	0	0
8	微山县	1780	2	0	1	1	0	0	5	0	0	2	3	0	0	0	0
9	泗水县	1070	13	0	1	7	5	0	3	0	0	2	1	0	0	0	0
10	汶上县	877	8	0	2	2	4	0	3	0	0	0	0	2	0	0	2
11	梁山县	961	5	0	1	2	0	2	7	0	1	4	2	0	0	0	0

表 3-21 2017 年济宁市旅游新型产业统计表

序号	区域名称	旅游度假区	农业示范点		工业示范点		文化主题饭店		美丽田园	旅游强乡镇	旅游特色村	美丽休闲乡村	生态休闲农业示范园	乡村旅游模范村	中医药健康旅游示范区	
			全国	山东	全国	山东	金星级	银星级							基地	项目
1	任城区	1	0	12	1	0	2	0	0	6	3	0	1	0	0	0
2	兖州区	0	1	5	1	4	0	0	0	7	19	0	0	0	0	1
3	曲阜市	1	1	13	1	1	2	1	0	8	22	1	0	0	0	2
4	邹城市	0	0	16	0	1	0	0	0	11	27	1	0	1	0	2
5	金乡县	0	0	4	0	1	0	0	0	2	6	0	1	1	0	0
6	嘉祥县	0	0	5	0	2	0	0	0	5	16	0	0	0	0	0
7	鱼台县	0	0	8	0	1	0	0	0	9	0	0	0	0	0	0
8	微山县	1	2	11	0	3	0	0	0	8	15	0	0	2	0	0
9	泗水县	0	1	11	0	1	0	0	0	8	0	0	0	0	0	0
10	汶上县	0	0	4	0	1	0	0	0	5	15	0	0	0	0	0
11	梁山县	0	0	3	0	1	0	1	0	1	7	0	0	0	0	1

（8）淄博市。淄博市地处北纬 $35°55'\sim37°17'$，东经 $117°32'\sim118°31'$，位于山东省中部，地势南高北低，东邻潍坊市，南靠临沂市、泰安市，西连济南市、北接滨州市、东营市，全市总面积 5965 平方千米。根据淄博市人民政府官网显示，截至 2018 年淄博市下辖 5 个区（张店区、淄川区、博山区、周村区、临淄区）、3 个县（桓台县、高青县、沂源县），另有淄博高新技术产业开发区、淄博经济开发区和文昌湖旅游度假区。根据 2017 年淄博市旅游传统产业统计表所示（表 3-22），在旅游景区方面，沂源县数量最多 11 个，淄川区（9 个）、博山区（9 个）紧随其后；淄博市旅游接待设施，主要集中于张店区，星级饭店 10 家、旅行社 12 家。根据 2017 年淄博市旅游新型产业

统计数据发现（表3-23），全市1个旅游度假区位于周村区；在农业与旅游融合方面，沂源县（旅游特色村27个、旅游强乡镇7个、乡村旅游模范村1个）、博山区（旅游特色村13个、旅游强乡镇8个、乡村旅游模范村1个）、淄川区（旅游特色村12个、旅游强乡镇3个、美丽休闲乡村1个、生态休闲农业示范园1个）发展较好；在医疗健康与旅游融合方面，全市2家中医药健康旅游示范基地创建单位，位于博山区与沂源县，3家示范项目创建单位，分别位于张店区、博山区与高青县。

表 3-22 2017年淄博市旅游传统产业统计表

序号	区域名称	面积（平方千米）	景区（个）						星级饭店（家）					旅行社（家）			
			总数	5A	4A	3A	2A	A	总数	五星	四星	三星	二星	总数	5A	4A	3A
1	张店区	244	6	0	2	2	2	0	10	1	1	8	0	12	1	4	7
2	淄川区	1001	9	0	2	6	1	0	4	0	0	4	0	0	0	0	0
3	周村区	307	5	0	2	1	2	0	2	0	0	1	1	0	0	0	0
4	临淄区	668	4	0	1	2	1	0	3	1	1	0	1	2	0	0	2
5	博山区	682	9	0	4	4	1	0	4	0	1	1	2	0	0	0	0
6	沂源县	1636	11	0	2	4	5	0	3	0	0	2	1	0	0	0	0
7	高青县	831	5	0	1	2	2	0	1	0	0	0	1	0	0	0	0
8	桓台县	498.3	3	0	1	2	0	0	2	0	0	2	0	1	0	0	1

表 3-23 2017年淄博市旅游新型产业统计表

序号	区域名称	旅游度假区	农业示范点		工业示范点		文化主题饭店		美丽田园	旅游强乡镇	旅游特色村	美丽休闲乡村	生态休闲农业示范园	乡村旅游模范村	中医药健康旅游示范区	
			全国	山东	全国	山东	金星级	银星级							基地	项目
1	张店区	0	1	8	1	5	0	2	0	2	6	0	1	0	0	1

（续表）

2	淄川区	0	1	13	0	8	0	0	0	3	12	1	1	0	0	0
3	周村区	1	0	6	1	2	0	0	0	1	5	0	0	0	0	0
4	临淄区	0	1	14	0	2	0	0	1	4	6	0	0	0	0	0
5	博山区	0	0	14	0	6	0	0	0	8	13	0	0	1	1	1
6	沂源县	0	0	23	0	1	0	0	0	7	27	0	0	1	1	0
7	高青县	0	0	12	0	1	0	0	0	2	9	0	0	0	1	0
8	桓台县	0	1	6	0	1	0	0	0	2	3	0	0	0	0	0

（9）东营市。东营市地处北纬 36°55′～38°10′，东经 118°07′～119°10′，位于山东省北部黄河三角洲地区，地势自西南向东北倾斜，南接潍坊市、淄博市，西连滨州市，全市总面积 8243 平方千米。根据东营市人民政府官网显示，截至 2017 年底东营市有 5 个县、区，分别是东营区、河口区、垦利区、广饶县、利津县。根据 2017 年东营市旅游传统产业统计表所示（表 3-24），在旅游景区以及旅游接待设施方面，东营区具有明显优势，景区 13 个、星级饭店 12 家、旅行社 14 家，全市 2 家五星级饭店皆位于该区。2017 年东营市旅游新型产业统计数据发现（表 3-25），在农业与旅游融合方面，东营区（旅游特色村 12 个、乡村旅游模范村 1 个）、垦利区（旅游特色村 9 个、美丽休闲乡村 1 个、美丽田园 1 个）发展较好。

表 3-24 2017 年东营市旅游传统产业统计表

序号	区域名称	面积（平方千米）	景区（个）						星级饭店（家）					旅行社（家）			
			总数	5A	4A	3A	2A	A	总数	五星	四星	三星	二星	总数	5A	4A	3A
1	东营区	1156	13	0	2	8	3	0	12	2	3	6	1	14	1	2	11
2	河口区	2365	5	0	0	2	3	0	3	0	0	3	0	5	2	0	3
3	垦利区	2204	9	0	2	2	2	0	4	0	0	4	0	1	0	0	1
4	广饶县	1137	5	0	2	2	1	0	2	0	0	2	0	0	0	0	0
5	利津县	1666	2	0	0	2	0	0	1	0	0	1	0	2	0	0	2

表 3-25　2017 年东营市旅游新型产业统计表

序号	区域名称	旅游度假区	农业示范点		工业示范点		文化主题饭店		美丽田园	旅游强乡镇	旅游特色村	美丽休闲乡村	生态休闲农业示范园	乡村旅游模范村	中医药健康旅游示范区	
			全国	山东	全国	山东	金星级	银星级							基地	项目
1	东营区	0	0	14	0	3	0	0	0	0	12	0	0	1	0	0
2	河口区	0	0	10	0	2	0	0	0	0	4	0	0	0	0	0
3	垦利区	0	0	6	0	0	0	0	0	0	9	1	0	0	0	0
4	广饶县	0	0	8	0	1	0	0	0	0	4	0	0	0	0	0
5	利津县	0	0	3	0	1	0	0	0	0	5	0	0	0	0	0

（10）日照市。日照地处北纬 $35°04'\sim36°04'$，东经 $118°25'\sim119°39'$，是位于山东省东南部的海滨城市，地势西高东低，略向东南倾斜。东邻青岛市、西连临沂市、北接潍坊市，全市总面积 5359 平方千米。根据日照市人民政府官网显示，截至 2018 年，日照市辖 2 区 2 县，分别是东港区、岚山区、五莲县、莒县。根据 2017 年日照市旅游传统产业统计表所示（表 3-26），在旅游景区以及旅游接待设施方面，东港区具有领先优势，景区 19 个、星级饭店 17 家、旅行社 11 家。根据 2017 年日照市旅游新型产业统计数据发现（表 3-27），全市 1 个旅游度假区位于五莲县；在农业与旅游融合方面，五莲县、岚山区、莒县发展较好；在医疗健康与旅游融合方面，全市 2 家中医药健康旅游示范基地创建单位、2 家示范项目创建单位，分别位于东港区与五莲县。

表 3-26　2017 年日照市旅游传统产业统计表

序号	区域名称	面积（平方千米）	景区（个）					星级饭店（家）					旅行社（家）			
			总数	5A	4A	3A	2A	A	总数	五星	四星	三星	二星	总数	5A	4A	3A
1	东港区	1156	19	0	4	13	2	0	17	0	5	11	1	11	0	4	7

（续表）

2	岚山区	759	10	0	0	6	4	0	2	0	0	2	0	1	0	1	0
3	五莲县	1443	10	0	2	6	2	0	1	0	0	0	1	2	0	0	2
4	莒县	1952	12	0	2	7	3	0	5	0	0	5	0	3	0	2	1

表3-27 2017年日照市旅游新型产业统计表

序号	区域名称	旅游度假区	农业示范点		工业示范点		文化主题饭店		美丽田园	旅游强乡镇	旅游特色村	美丽休闲乡村	生态休闲农业示范园	乡村旅游模范村	中医药健康旅游示范区	
			全国	山东	全国	山东	金星级	银星级							基地	项目
1	东港区	0	6	15	1	3	0	0	0	5	6	1	1	0	1	1
2	岚山区	0	1	5	0	0	0	0	0	3	17	0	0	0	0	0
3	五莲县	1	1	3	0	0	1	0	1	6	18	0	0	1	1	1
4	莒县	0	1	4	0	2	0	0	0	7	13	0	0	0	0	0

（11）泰安市。泰安市地处北纬 $35°38′\sim36°28′$，$116°20′\sim117°59′$，位于山东省中部，地势东北高西南低，东邻淄博市、临沂市，南靠济宁市、西接聊城市、北连济南市，全市总面积7761平方千米。根据泰安市人民政府官网显示，截至2017年，泰安市辖6个县市区，包括泰山区、岱岳区2个市辖区；新泰市、肥城市2个县级市；宁阳县、东平县2个县。根据2017年泰安市旅游传统产业统计表显示（表3-28），在旅游景区方面，肥城市数量最多16个，东平县（14个）、岱岳区（12个）、泰山区（10个）紧随其后，全市1个5A级景区位于泰山区；在旅游接待设施方面，泰山区具有领先优势，星级饭店29家、旅行社25家，全市1家五星级饭店位于该区。根据2017年泰安市旅游新型产业统计数据发现（表3-29），全市3个旅游度假区分别位于泰山区（2个）、新泰市（1个）；在农业与旅游融合方面，东平县（旅游特色村20个、旅游强乡镇10个、乡村旅游模范村2个）、岱岳区（旅游特色村17个、旅游强乡镇8个、生态休闲农业示范园1个、乡村旅游模范村1个）、

宁阳县（旅游特色村 16 个、旅游强乡镇 4 个）、泰山区（旅游特色村 14 个、旅游强乡镇 6 个、美丽休闲乡村 1 个）、肥城市（旅游特色村 11 个、旅游强乡镇 6 个、乡村旅游模范村 1 个、美丽田园 1 个）发展较好；在医疗健康与旅游融合方面，泰安市 5 家中医药健康旅游示范项目创建单位，分别位于泰山区（3 家）、岱岳区（2 家）。

表 3-28 2017 年泰安市旅游传统产业统计表

序号	区域名称	面积（平方千米）	景区（个）						星级饭店（家）					旅行社（家）			
			总数	5A	4A	3A	2A	A	总数	五星	四星	三星	二星	总数	5A	4A	3A
1	泰山区	336.9	10	1	4	3	2	0	29	1	4	17	7	25	0	0	25
2	岱岳区	1750	12	0	4	7	1	0	4	0	0	3	1	0	0	0	0
3	肥城市	1277	16	0	0	8	8	0	4	0	1	1	2	1	0	0	1
4	新泰市	1946	8	0	1	4	3	0	1	0	0	1	0	0	0	0	0
5	宁阳县	1125	8	0	0	4	4	0	2	0	0	1	1	0	0	0	0
6	东平县	1343	14	0	2	12	0	0	5	0	0	3	2	0	0	0	0

表 3-29 2017 年泰安市旅游新型产业统计表

序号	区域名称	旅游度假区	农业示范点		工业示范点		文化主题饭店		美丽田园	旅游强乡镇	旅游特色村	美丽休闲乡村	生态休闲农业示范园	乡村旅游模范村	中医药健康旅游示范区	
			全国	山东	全国	山东	金星级	银星级							基地	项目
1	泰山区	2	0	6	1	1	0	0	0	6	14	1	0	0	0	3
2	岱岳区	0	0	13	1	2	0	0	0	8	17	0	1	1	0	2
3	肥城市	0	1	13	1	0	0	0	0	6	11	0	0	1	0	0
4	新泰市	1	0	4	0	1	0	0	0	5	9	0	0	0	0	0
5	宁阳县	0	0	0	0	3	0	0	0	4	16	0	0	0	0	0
6	东平县	0	0	13	0	0	0	0	0	0	20	0	0	0	0	0

(12) 滨州市。滨州市地处北纬 36°41′～38°16′，东经 117°15′～118°37′，位于山东省北部，地形为自西南向东北逐渐倾斜的低平原，东邻东营市，南接淄博市、济南市，西连德州市，全市总面积 9453 平方千米。根据滨州市人民政府官网显示，截至 2017 年，滨州市下辖滨城区、沾化区、邹平市、惠民县、阳信县、无棣县、博兴县四县一市二区和滨州经济开发区、滨州高新技术产业开发区、滨州北海经济开发区。根据 2017 年滨州市旅游传统产业统计表所示（表 3-30），在旅游景区方面，滨城区数量最多 15 个，其次为博兴县 14 个；旅游接待设施主要分布于滨城区（星级饭店 4 家、旅行社 6 家）、邹平市（星级饭店 5 家、旅行社 2 家）。根据 2017 年滨州市旅游新型产业统计数据发现（表 3-31），在农业与旅游融合方面，无棣县（旅游特色村 15 个、旅游强乡镇 6 个、生态休闲农业示范园 2 个、乡村旅游模范村 1 个）、沾化区（旅游特色村 15 个、旅游强乡镇 2 个、乡村旅游模范村 1 个）、滨城区（旅游特色村 12 个、旅游强乡镇 7 个、美丽休闲乡村 1 个、乡村旅游模范村 2 个）、惠民县（旅游特色村 12 个、旅游强乡镇 6 个）发展较好；在医疗健康与旅游融合方面，全市 1 家中医药健康旅游示范基地创建单位，位于无棣县，3 家示范项目创建单位，分别位于无棣县（1 个）和邹平市（2 个）。

表 3-30 2017 年滨州市旅游传统产业统计表

序号	区域名称	面积（平方千米）	景区（个）						星级饭店（家）					旅行社（家）			
			总数	5A	4A	3A	2A	A	总数	五星	四星	三星	二星	总数	5A	4A	3A
1	滨城区	1040	15	0	2	11	2	0	4	0	2	2	0	6	0	4	2
2	沾化区	2218	4	0	2	2	0	0	1	0	0	1	0	0	0	0	0
3	惠民县	1357	9	0	2	6	1	0	3	0	0	1	2	0	0	0	0
4	阳信县	793	6	0	0	3	3	0	0	0	0	0	0	0	0	0	0
5	无棣县	1963	11	0	1	8	2	0	3	0	0	0	3	0	0	0	0
6	博兴县	900.7	14	0	1	12	1	0	1	0	0	1	0	1	0	0	1
7	邹平市	1252	9	0	1	5	3	0	5	0	1	3	1	2	0	0	2

表 3-31 2017 年滨州市旅游传统产业统计表

序号	区域名称	旅游度假区	农业示范点		工业示范点		文化主题饭店		美丽田园	旅游强乡镇	旅游特色村	美丽休闲乡村	生态休闲农业示范园	乡村旅游模范村	中医药健康旅游示范区	
			全国	山东	全国	山东	金星级	银星级							基地	项目
1	滨城区	0	0	20	0	1	0	0	0	7	12	1	0	2	0	0
2	沾化区	0	1	8	0	3	0	0	0	2	15	0	0	1	0	0
3	惠民县	0	0	5	0	3	0	0	0	6	12	0	0	0	0	0
4	阳信县	0	1	5	0	4	0	0	0	3	4	0	0	0	0	0
5	无棣县	0	0	6	0	0	0	0	0	6	15	0	0	0	1	1
6	博兴县	0	0	6	0	0	0	0	0	1	0	0	0	0	0	0
7	邹平市	0	0	9	0	1	0	0	0	1	2	9	0	0	0	2

(13) 枣庄市。枣庄市地处北纬 34°27′～35°19′，东经 116°48′～117°49′，位于山东省南部，地势东北高西南低，属低山丘陵区，东邻临沂市、西北接济宁市、南面与江苏省接壤，全市总面积 4563 平方千米。根据枣庄市人民政府官网显示，截至 2017 年，枣庄市辖市中区、薛城区、峄城区、台儿庄区、山亭区、滕州市等 6 个区 (市)。根据 2017 年枣庄市旅游传统产业统计表所示 (表 3-32)，在旅游景区方面，滕州市数量最多 18 个，其次是山亭区 12 个，全市 1 个 5A 级景区位于台儿庄区；旅游接待设施方面，滕州市数量最多，星级饭店 6 家、旅行社 9 家，其次是市中区，星级饭店 1 家、旅行社 9 家。根据 2017 年枣庄市旅游新型产业统计数据发现 (表 3-33)，全市 1 个旅游度假区位于台儿庄区；山亭区 (旅游特色村 27 个、旅游强乡镇 9 个、乡村旅游模范村 2 个)、滕州市 (旅游特色村 16 个、旅游强乡镇 9 个、美丽休闲乡村 1 个、乡村旅游模范村 1 个、美丽田园 1 个) 发展较好；在医疗健康与旅游融合方面，枣庄市 3 家中医药健康旅游示范项目创建单位，分别位于薛城区 (1 家)、山亭区 (2 家)。

表 3-32 2017 年枣庄市旅游传统产业统计表

序号	区域名称	面积（平方千米）	景区（个）						星级饭店（家）					旅行社（家）			
			总数	5A	4A	3A	2A	A	总数	五星	四星	三星	二星	总数	5A	4A	3A
1	市中区	375.3	6	0	1	0	5	0	1	0	1	0	0	9	0	0	9
2	薛城区	423	3	0	1	2	0	0	4	0	1	3	0	2	0	0	2
3	山亭区	1018	12	0	5	4	3	0	3	0	0	3	0	3	0	0	3
4	峄城区	627.6	3	0	1	1	2	0	3	0	2	1	0	3	0	0	3
5	台儿庄区	538.5	9	1	2	2	4	0	1	0	0	1	0	4	0	0	4
6	滕州市	1485	18	0	2	9	6	0	6	0	1	5	0	9	0	0	9

表 3-33 2017 年枣庄市旅游新型产业统计表

序号	区域名称	旅游度假区	农业示范点		工业示范点		文化主题饭店		美丽田园	旅游强乡镇	旅游特色村	美丽休闲乡村	生态休闲农业示范园	乡村旅游模范村	中医药健康旅游示范区	
			全国	山东	全国	山东	金星级	银星级							基地	项目
1	市中区	0	1	8	0	0	0	0	0	4	7	0	0	0	0	0
2	薛城区	0	0	8	0	2	0	0	0	3	9	0	0	0	0	1
3	山亭区	0	3	15	0	3	1	0	0	9	27	0	0	2	0	2
4	峄城区	0	1	11	0	3	0	0	0	4	7	0	0	0	0	0
5	台儿庄区	1	0	5	0	1	0	0	0	4	10	0	1	1	0	0
6	滕州市	0	1	14	0	0	0	0	0	9	16	0	1	0	0	0

（14）德州市。德州市地处北纬 36°24′～38°0′，东经 115°45′～117°36′，位于山东省西北部，地势西南高，东北低，东邻滨州市，南接济南市、聊城市，西面与河北省接壤，全市总面积 10356 平方千米。根据德州市人民政府官网

显示，截止到 2018 年 7 月，德州市辖 2 个区（德城区、陵城区）、2 个县级市（禹城市、乐陵市）、7 个县（临邑县、平原县、夏津县、武城县、庆云县、宁津县、齐河县）。根据 2017 年德州市旅游传统产业统计表所示（表 3-34），在旅游景区方面，德城区数量最多 15 个，其次是乐陵市（11 个）、齐河县（9 个）、庆云县（8 个）；德州市旅游接待设施数量不多，主要分布于德城区（星级饭店 6 家、旅行社 10 家）、禹城市（星级饭店 6 家）等。根据 2017 年德州市旅游新型产业统计数据发现（表 3-35），全市 1 个旅游度假区位于齐河县；在农业与旅游融合方面，乐陵市（旅游特色村 8 个、旅游强乡镇 6 个）、齐河县（旅游特色村 5 个、旅游强乡镇 5 个、乡村旅游模范村 1 个、美丽田园 1 个）、德城区（旅游特色村 3 个、旅游强乡镇 1 个、生态休闲农业示范园 1 个）发展较好；在医疗健康与旅游融合方面，德州市 2 家中医药健康旅游示范项目创建单位，分别位于禹城市与齐河县。

表 3-34 2017 年德州市旅游传统产业统计表

序号	区域名称	面积（平方千米）	景区（个）						星级饭店（家）					旅行社（家）			
			总数	5A	4A	3A	2A	A	总数	五星	四星	三星	二星	总数	5A	4A	3A
1	德城区	231	15	0	2	3	10	0	6	0	3	3	0	10	0	1	9
2	陵城区	1213	6	0	0	1	5	0	0	0	0	0	0	0	0	0	0
3	禹城市	990	2	0	0	1	1	0	6	0	1	5	0	0	0	0	0
4	乐陵市	117	11	0	1	5	5	0	0	0	0	0	0	0	0	0	0
5	临邑县	1016	3	0	0	1	2	0	0	0	0	0	0	0	0	0	0
6	平原县	1047	1	0	0	0	1	0	2	0	1	1	0	0	0	0	0
7	夏津县	882	4	0	2	1	1	0	0	0	0	0	0	0	0	0	0
8	武城县	748	5	0	0	3	2	0	0	0	0	0	0	0	0	0	0
9	庆云县	502	8	0	1	2	5	0	3	0	0	2	1	0	0	0	0
10	宁津县	833	4	0	0	2	2	0	1	0	0	1	0	0	0	0	0
11	齐河县	1411	9	0	2	3	4	0	2	0	0	2	0	0	0	0	0

表3-35 2017年德州市旅游新型产业统计表

序号	区域名称	旅游度假区	农业示范点		工业示范点		文化主题饭店		美丽田园	旅游强乡镇	旅游特色村	美丽休闲乡村	生态休闲农业示范园	乡村旅游模范村	中医药健康旅游示范区	
			全国	山东	全国	山东	金星级	银星级							基地	项目
1	德城区	0	0	13	2	3	0	0	0	1	3	0	1	0	0	0
2	陵城区	0	0	2	0	2	0	0	0	3	3	1	0	0	0	0
3	禹城市	0	1	3	1	5	0	0	0	2	4	0	0	0	0	1
4	乐陵市	0	2	5	0	5	0	0	0	6	8	0	0	0	0	0
5	临邑县	0	0	1	0	1	0	0	0	0	3	0	0	0	0	0
6	平原县	0	1	0	0	0	0	0	0	0	1	0	0	0	0	0
7	夏津县	0	0	6	0	2	0	0	0	0	6	0	0	0	0	0
8	武城县	0	0	3	1	3	0	0	0	2	2	0	0	0	0	0
9	庆云县	0	0	4	0	3	0	0	0	0	4	0	0	0	0	0
10	宁津县	0	0	1	0	5	0	0	0	0	3	0	0	0	0	0
11	齐河县	1	0	5	0	4	1	0	1	5	5	0	0	1	0	1

（15）聊城市。聊城市地处北纬35°47′～37°02′，东经115°16′～116°32′，位于山东省西部，地势由西南向东北倾斜，东邻济南市、泰安市、济宁市，北连德州市，西面与河北省接壤，全市总面积8715平方千米。根据聊城市人民政府官网显示，截至2015年，聊城市下辖1个区，1个县级市，6个县，分别为东昌府区、临清市、阳谷县、莘县、茌平县、东阿县、冠县、高唐县。根据2017年聊城市旅游传统产业统计表所示（表3-36），在旅游景区以及旅游接待设施方面，东昌府区数量最多，景区14个、星级饭店8家、旅行社5家，全市1家五星饭店位于该区。根据2017年聊城市旅游新型产业统计数据发现（表3-37），全市1个旅游度假区位于东昌府区；在农业与旅游融合方面，

东昌府区发展较好，旅游特色村16个、旅游强乡镇6个、乡村旅游模范村1个；在医疗健康与旅游融合方面，聊城市3家中医药健康旅游示范项目创建单位，分别位于东昌府区（2家）、高唐县（1家）。

表3-36 2017年聊城市旅游传统产业统计表

序号	区域名称	面积（平方千米）	景区（个）						星级饭店（家）					旅行社（家）			
			总数	5A	4A	3A	2A	A	总数	五星	四星	三星	二星	总数	5A	4A	3A
1	东昌府区	844	14	0	2	5	7	0	8	1	1	6	0	5	0	0	5
2	临清市	957	2	0	0	1	1	0	2	0	1	1	0	0	0	0	0
3	高唐县	960	4	0	0	4	0	0	1	0	1	0	0	0	0	0	0
4	东阿县	787	4	0	1	3	0	0	2	0	0	1	1	0	0	0	0
5	阳谷县	1064	4	0	1	1	2	0	3	0	1	2	0	1	0	0	1
6	茌平县	1003	3	0	0	3	0	0	1	0	1	0	0	0	0	0	0
7	莘县	1416	6	0	0	1	5	0	0	0	0	0	0	0	0	0	0
8	冠县	1152	9	0	0	5	4	0	4	0	0	3	1	0	0	0	0

表3-37 2017年聊城市旅游新型产业统计表

序号	区域名称	旅游度假区	农业示范点		工业示范点		文化主题饭店		美丽田园	旅游强乡镇	旅游特色村	美丽休闲乡村	生态休闲农业示范园	乡村旅游模范村	中医药健康旅游示范区	
			全国	山东	全国	山东	金星级	银星级							基地	项目
1	东昌府区	1	2	5	0	3	0	0	0	6	16	0	0	1	0	2
2	临清市	0	0	2	0	1	0	0	0	2	2	0	0	0	0	0
3	高唐县	0	0	0	1	1	0	0	0	3	1	0	0	0	0	1
4	东阿县	0	0	1	1	0	1	0	1	2	1	0	0	0	0	0

（续表）

5	阳谷县	0	0	0	1	1	0	0	0	0	2	0	1	0	0	0
6	茌平县	0	0	0	0	0	0	0	0	2	1	0	1	0	0	0
7	莘县	0	0	0	0	0	1	0	0	3	4	1	0	0	0	0
8	冠县	0	0	0	1	0	1	0	0	0	1	4	0	0	0	0

　　（16）菏泽市。菏泽市地处北纬 34°39′～35°52′，东经 114°45′～116°25′ 之间，位于山东省西南部，地势较平坦，西高东低，东邻济宁市，南面与江苏省、安徽省接壤，西面与河南省相连，全市总面积 12238.62 平方千米。根据菏泽市人民政府官网显示，截至 2016 年，菏泽市下辖 2 个区，分别为牡丹区、定陶区，7 个县，分别为曹县、成武县、单县、巨野县、郓城县、鄄城县、东明县。根据 2017 年菏泽市旅游传统产业统计表所示（表 3-38），菏泽市在旅游景区以及旅游接待设施方面数量不多，主要位于牡丹区，景区 5 个、星级饭店 11 家、旅行社 7 家，全市 1 家五星级饭店位于该区。根据 2017 年菏泽市旅游新型产业统计数据发现（表 3-39），全市 1 个旅游度假区位于单县；在农业与旅游融合方面，巨野县、牡丹区、单县发展较好；在医疗健康与旅游融合方面，全市 1 家中医药健康旅游示范基地创建单位，位于牡丹区，1 家示范项目创建单位，位于东明县。

表 3-38 2017 年菏泽市旅游传统产业统计表

序号	区域名称	面积（平方千米）	景区（个）						星级饭店（家）					旅行社（家）			
			总数	5A	4A	3A	2A	A	总数	五星	四星	三星	二星	总数	5A	4A	3A
1	牡丹区	1432	5	0	1	2	2	0	11	1	4	0	7	7	1	6	0
2	定陶区	846	2	0	0	1	1	0	1	0	1	0	0	0	0	0	0
3	曹县	1969	1	0	0	0	1	0	1	0	1	0	0	0	0	0	0
4	单县	1702	4	0	1	3	0	0	1	0	0	0	1	1	0	1	0
5	郓城县	1643	3	0	1	1	1	0	1	0	0	2	0	1	1	0	0

（续表）

6	东明县	1370	2	0	0	0	2	0	0	0	0	0	0	0	0	0	0
7	巨野县	1308	2	0	0	1	1	0	1	0	1	0	0	0	0	0	0
8	郓城县	1042	4	0	1	2	0	1	0	0	0	0	0	0	0	0	0
9	成武县	988.3	2	0	0	0	2	0	1	0	1	0	0	0	0	0	0

表3-39　2017年菏泽市旅游新型产业统计表

序号	区域名称	旅游度假区	农业示范点		工业示范点		文化主题饭店		美丽田园	旅游强乡镇	旅游特色村	美丽休闲乡村	生态休闲农业示范园	乡村旅游模范村	中医药健康旅游示范区	
			全国	山东	全国	山东	金星级	银星级							基地	项目
1	牡丹区	0	0	17	0	5	0	0	0	8	11	0	0	1	1	0
2	定陶区	0	0	2	0	1	0	0	1	3	5	0	1	0	0	0
3	曹县	0	0	3	0	4	0	0	0	3	7	0	0	0	0	0
4	单县	1	0	0	0	0	0	0	0	3	11	0	0	0	0	0
5	郓城县	0	0	0	0	0	0	0	0	3	9	1	0	0	0	0
6	东明县	0	0	5	0	0	0	0	0	3	8	0	0	0	0	1
7	巨野县	0	0	5	0	0	0	0	0	0	12	0	0	1	0	0
8	郓城县	0	0	4	0	0	0	0	0	3	8	0	0	0	0	0
9	成武县	0	0	0	0	0	0	0	0	0	0	0	0	0	0	0

三、山东省土地利用及旅游用地分析

（一）山东省土地利用总体状况

根据山东省的地域特点及国家标准，山东省土地利用类型共包括6个一级类型（耕地、林地、草地、水域、居民地和未利用地）以及24个二级类型。

以 Lansat8 作为基础影像，利用 ArcGIS 软件，通过使用 ArcMap、ArcCatalog、ArcToolbox 等工具，依据土地利用实际状况进行人工目视解译，实现对研究区域的土地类型分类，共分为六大类。首先，新建一个矢量图层，在新图层中添加山东省的行政区划的 shp 文件。在 ArcGIS 中添加 Editor 工具条，使用其中的 Cut Polygons Tool 工具，对属性面实现分类切割，由此生成各类地物的面的矢量数据。之后，打开 ArcToolbox，通过 ConversionTools—To Raster—Featureto Raster 工具，将生成的矢量数据转换为栅格数据，并将不同的地类给予相应颜色。为方便对不同地类的面积统计，在栅格数据的属性表中，通过 AddField 工具添加面积属性，使用 CalculateGeometry 计算工具获取各类用地的面积。

该研究区陆域土地面积 15.69 万平方千米。其中，全省植被覆盖面积为 12.42 平方千米，占全省总面积的 79.48%。山东省耕地以旱地为主，耕地面积为 10.12 万平方千米，占全省总面积的 64.8%。山东省林草覆盖面积相对较高，包括 8 大类林地和 2 大类草地，总面积为 2.32 万平方千米，占全省总面积的 14.68%。

（二）山东省旅游土地产出分析

旅游土地产出率是指单位土地上的旅游年产值，该指标反映了旅游产业土地利用效率。在当前土地资源紧缺的状况之下，如何提高土地的利用效率，实现旅游业的可持续发展，是亟待解决的问题。根据城市土地面积数据显示（表 3-40），土地面积在 15000 平方千米以上的城市有两个：临沂市和潍坊市；土地面积在 10000～15000 平方千米的城市有六个，面积从大到小依次为烟台市、菏泽市、青岛市、济宁市、德州市、济南市；土地面积在 5000～10000 平方千米的城市有六个，面积从大到小依次为滨州市、聊城市、东营市、泰安市、淄博市、威海市、日照市；土地面积 5000 平方千米以下的城市有一个：枣庄市。根据 2017 年统计数据显示，青岛市旅游消费总额 1640.1 亿元，全省排名第一，其后依次是济南市、烟台市、潍坊市、泰安市、临沂市、济宁市、淄博市、威海市、日照市、枣庄市、聊城市、德州市、东营市、菏泽市、滨州市。

将山东省 16 地市旅游消费总额及土地面积数据，利用极大值标准化进行处理，将数据转换为（0，1）之间的小数，其公式为：

$$x_i = \frac{x_i}{\max_{1 \leq j \leq n} x_j} \quad (i =1, 2, \cdots, m; \ j =1, 2, \cdots, n) \quad (3\text{-}6)$$

其中，为标准化后数据，为指标原始数据，为数据最大值。

旅游土地产出率即旅游总产值与土地面积之比，其公式为：

$$R_i = \frac{T_i}{S_i} \quad\quad\quad (3\text{-}7)$$

式中，

R_i 表示城市 i 的旅游土地产出率；

T_i 表示城市 i 的旅游总产值，此处山东省旅游总产值用旅游消费总额表示，（单位为亿元），该数据为 2017 年统计数据，通过各城市经济统计公报及相关网站资料整理而得；

S_i 表示城市 i 的土地总面积（单位为平方千米），该数据通过各城市人民政府官方网站数据整理而得。

表 3-40 2017 年山东省 16 地市旅游及土地情况统计

序号	城市名称	旅游消费总额（亿元）	占全省比例	旅游总人次（万人次）	占全省比例	面积（平方千米）	占全省比例
1	济南	1039.1	11.29%	8418.6	10.73%	10244	6.47%
2	青岛	1640.1	17.82%	8816.5	11.23%	11293	7.14%
3	烟台	961.45	10.45%	7157.35	9.12%	13746.5	8.69%
4	威海	596.5	6.48%	4311.93	5.49%	5797.74	3.66%
5	潍坊	775.9	8.43%	6805.5	8.67%	16140	10.20%
6	临沂	724.92	7.88%	6799.51	8.66%	17191.2	10.86%
7	济宁	688.07	7.48%	6761	8.61%	11187	7.07%

8	淄博	609.9	6.63%	5362.1	6.83%	5965	3.77%
9	东营	168.14	1.83%	1701.56	2.17%	8243	5.21%
10	日照	360.43	3.92%	4497.55	5.73%	5359	3.39%
11	泰安	757.6	8.23%	6894.9	8.78%	7761	4.90%
12	滨州	152.86	1.66%	1696.47	2.16%	9453	5.97%
13	枣庄	199.71	2.17%	2259.24	2.88%	4563	2.88%
14	德州	186.66	2.03%	2772.41	3.53%	10356	6.54%
15	聊城	186.97	2.03%	2277.17	2.90%	8715	5.51%
16	菏泽	155.84	1.69%	1957.29	2.49%	12238.6	7.73%

代入数据计算，得出山东省16地市旅游土地产出情况，如表3-41所示。同时叠加各城市旅游消费总额及土地面积情况，得到山东省16地市旅游土地产出比较分析图，如图3-2所示。

表3-41 山东省16地市旅游土地产出率排名

排名	城市	旅游土地产出率	排名	城市	旅游土地产出率
1	青岛	1.522288	9	潍坊	0.503893
2	威海	1.078419	10	枣庄	0.45876
3	淄博	1.071727	11	临沂	0.441997
4	济南	1.063221	12	聊城	0.224875
5	泰安	1.023194	13	东营	0.213807
6	烟台	0.733112	14	德州	0.188927
7	日照	0.704974	15	滨州	0.169496
8	济宁	0.644696	16	菏泽	0.13347

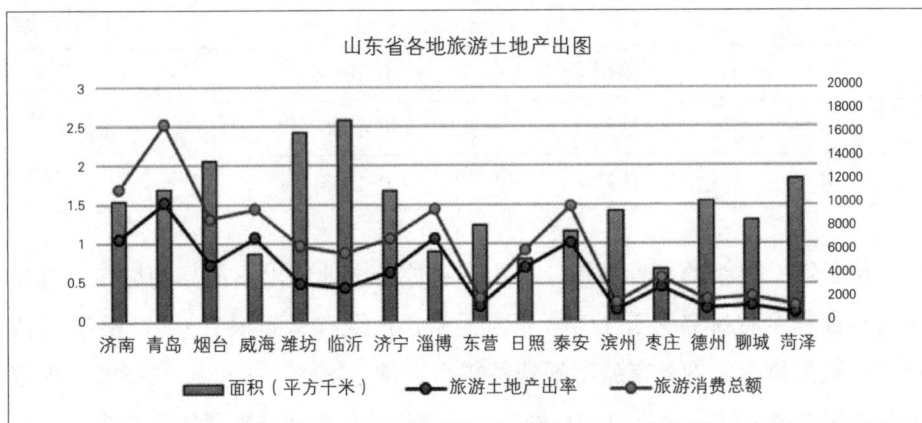

图 3-2 山东省 16 地市旅游土地产出比较分析图

　　根据计算结果发现，山东省各地市旅游土地产出率与旅游消费总额基本成正相关，但与城市土地面积不同步。使用 SPSS 软件进行 K-means 聚类分析，若将山东省 16 地市旅游土地产出率划分为 5 个等级，则结果如表 3-42 所示。

表 3-42 山东省 16 地市旅游土地产出率等级划分结果

排名	城市	旅游土地产出率	等级
1	青岛	1.5223	1
2	威海	1.0784	2
3	淄博	1.0717	
4	济南	1.0632	
5	泰安	1.0232	
6	烟台	0.7331	3
7	日照	0.7050	
8	济宁	0.6447	
9	潍坊	0.5039	4
10	枣庄	0.4588	
11	临沂	0.4420	
12	聊城	0.2249	
13	东营	0.2138	

（续表）

14	德州	0.1889	
15	滨州	0.1695	5
16	菏泽	0.1335	

位于第一层级的是青岛市，即山东省旅游土地产出率最高的城市。青岛市占地面积全省排名第五11293平方千米，占全省总面积7.14%，根据2017年统计数据显示，青岛市旅游消费总额全省排名第一，占全省17.82%。根据山东省旅游产业结构分析可知，青岛市星级饭店、旅行社数量皆居全省首位，旅游景区数量位居第二。由此可见，青岛市旅游资源禀赋明显，旅游接待设施完善，且近年来政府支持力度大，2018年8月青岛市发布了《青岛市人民政府关于推进旅游业新旧动能转换促进高质高效发展的实施意见》，加大旅游业扶持政策，最高补贴500万。并且，随着上合峰会的召开，青岛市国际影响力与知名度大大提高。根据计算结果，青岛市旅游土地产出率高，旅游发展成熟、需求量大且有较好发展前景，但由于用地空间受限，土地供应不足，生态压力较大。

位于第二层级的依次是威海、淄博、济南、泰安四个城市。四个城市中威海市土地面积最小——5797.74平方千米，仅占全省总面积3.66%，而其旅游土地产出率居于全省第二位仅次于青岛市。根据山东省旅游产业结构分析可知，威海市旅游接待设施较完善，其旅行社、星级饭店数量分别位于全省第三、第四位，景区数量在全省排名中等偏下，占全省景区总数4.18%。2017年6月出台了新修订的《威海旅游招徕奖励办法》，最高奖励10万。根据威海市旅游土地产出率可知，其旅游业的土地利用程度较高，但由于受到土地规模的制约，想要进一步发展壮大存在一定得局限，未来应致力于生态化、集约化发展之路。

位于第三层级的依次是烟台、日照、济宁三个城市。其中，烟台市土地面积13746.5平方千米，占全省8.69%居全省第三，旅游消费总额961.45亿元，占全省10.45%，同样居于全省第三位，经计算得到烟台市旅游土地产出率 0.7331 排名第六。根据山东省旅游产业结构分析可知，烟台市旅游资源及旅游接待设施皆具有较大优势，旅游度假区总量全省最多，旅行社与星级饭店数量皆排名全省第二。根据烟台市旅游土地产出现状，未来发展中应进一步充分利用土地，优化产业布局，提高旅游业的土地利用效率。

　　位于第四层级的依次是潍坊、枣庄、临沂、聊城、东营五个城市。其中枣庄市土地面积 4563 平方千米，是全省土地面积最小的城市，仅占全省 2.88%，而其旅游景区、旅行社数量、旅游土地产出率皆居于全省中等水平，旅游业的土地利用效率较好。临沂市土地面积 17191.2 平方千米，是全省土地面积最大的城市，占全省的 10.86%。根据山东省旅游产业结构分析可知，临沂市旅游景区数量全省第一，但星级饭店、旅行社数量、旅游土地产出率在全省处于中等偏下的水平，可见该地区旅游业土地利用潜力较大，在未来的发展中应合理利用土地，提高旅游业的土地利用效率。

　　位于第五层级的依次是德州、滨州、菏泽三个城市。三个城市土地面积处于全省中等偏上的水平，然其旅游消费总额却居于全省最后三位，旅游土地产出率低。未来的发展中应注意着力拉动区域旅游业发展，合理、有效、集约地利用土地，最大限度地满足旅游业发展对土地供给的要求，提高区域旅游业的土地利用效率。

第四章
山东省旅游生态空间敏感性指标体系构建

在对山东省旅游发展及旅游产业空间分布研究的基础上，可以看出山东省旅游用地发展不均衡，旅游业空间分布存在差异。根据山东省区域概况和特点，选择社会经济和自然两个要素作为评价因子，构建生态敏感性指标体系，对山东省旅游空间生态敏感性进行研究。生态敏感性是指生态系统对区域内部自然活动和人类活动干扰的敏感程度，它反映了区域生态系统在遇到干扰时，发生生态环境问题可能性的大小和难易程度，并用来表征外界干扰可能造成的后果[124]。生态敏感性评价是生态系统对自然活动和人类活动反应的不同敏感性分级，即在自然状况下分析具体的生态过程中生态环境问题发生的可能性和难易程度，反映了生态失衡与环境问题产生的可能性大小，是综合评价一个区域生态环境质量、土地合理利用程度、人口负荷情况及经济发展状况的综合性指标，是区域生态环境规划治理的基础[125]。对山东省旅游产业生态空间分布研究的基础上，结合其生态环境系统结构和功能，对其进行敏感性评价，即生态空间系统各级功能在时空上的相互作用及影响。

一、指标构建原则与思路

（一）评价因子的选取原则

旅游生态敏感性评价是建立多目标的评价体系，因为它具有多标准、多层次的特点。其指标体系需要满足以下几个方面。

（1）科学性。在符合科学原理的情况下，选取核合适的评价因子。因为某些生态指标数据难以获取，也不易精确量化，需要选用科学性的并且具有一定价值的指标。

（2）合理性。指标体系的建立不能太复杂也不能太简单，要具有合理性。以此保证指标体系可以广泛地适用于不同的研究区域，且操作简单流程顺畅。应考虑某些指标相关数据获取的难易程度，做到理论与实践相结合。

（3）一致性。在计量单位、适用范围、统计口径、计算方法上保持一致。

（二）指标构建的思路与技术路线

1. 构建思路

通过山东省内各类自然人文数据和辅助数据建立起重点利用 GIS 对旅游敏感性分析理论和相关算法的研究，共分为三个阶段。

第一阶段：通过文献资料对需要的数据进行收集整理，对研究对象现状的基础数据进行评估以建立研究的基底。同时概述山东省敏感性空间分析的背景及意义、主要研究内容和研究方法。

第二阶段：对山东省自然条件的现状进行评估，包括坡度条件、山体条件、水体条件、植被覆盖和基础设施条件等，确定其控制策略。对山东省的自然人文条件进行梳理和总结，将各类自然地理人文社会数据进行合并处理，赋予属性字段，绘制成图；明确本书所用的数据来源及用途，获取研究区数据和明确数据获取途径，对本书所需各类数据进行流程化处理。

第三阶段：基于 ARCGIS 软件的单因子敏感性分析以及多因子评价分析。对上述几项单项因素进行分析，从潜力和阻力两方面考量评价，综合各类相关的分析方法与理论。建立多因子评价模型确定影响因子的权重，从 GIS 空间分析方法入手，进而阐述 GIS 在旅游敏感性分析中的应用，最终结合缓冲区分析、叠加分析等求出山东省旅游生态敏感性空间区域分布。

本书所用到的 ArcGIS 的空间分析法有缓冲区分析、叠加分析和重分类。

缓冲区分析：指地理空间目标的影响范围或服务范围。根据对选定的组或一类地图元素（点、线或面）设置距离条件，建立缓冲区多边形的空间分析方法。这是 ArcGIS 的基本空间操作功能之一，按照要素类型，主要分为点的缓冲区、线的缓冲区和面的缓冲区。

叠加分析：是指同一区域内的两个或两个以上的主题元素或数据文件的

叠加，根据各种元素的图形和属性建立多属性组合的新图形分析方法。要素具有相同的尺度、相同的数学基础、不同的信息。叠置分析可以分为6种，分别是擦除（Erase）、查看（Identity）、相交（Intersect）、对称差（Symmetrical Difference）、联合（Union）和更新（Update）。

重分类：数据的重分类是通过旧的值合并、新的值替换和重新分类来重新评估数据的旧值，以达到对每个数据进行统一测量和分析的目的。

2. 技术路线

以山东省旅游生态敏感性分析为主要落脚点，分析应用于旅游产业的发展规划。在研究区域调研中，以旅游产业的发展现状和研究区域生态环境等为主，由此作为选取评价因子的重要支撑。因旅游生态敏感性评价体系多标准、多层次的特点，始终坚持科学性、合理性、一致性的原则，再结合实际调研情况，在确保数据来源及精准度的基础上，最终确定评价因子。

在确定合适的评价因子之后，需要建立敏感性分级评价体系，同时，对评价因子所需要的空间数据，进行搜集并计算整理。与此同时，需要结合研究区域的生态环境状况，采用专家评分、AHP 及 meta 分析等方法，确定各个因子在评价指标系统中的有限程度及重要性，进而确定各个评价因子的权重系数。将获取得到的空间数据，利用 ArcGIS 和 ENVI 软件，运用地理信息和遥感技术，进行数据预处理和空间分析。数据预处理，对各个生态因子的空间数据进行预处理后，分析其地域特性，为之后的单因子分析及综合分析评估提供理论支撑。运用 GIS 的空间分析技术，如缓冲区分析、密度分析、叠加分析、空间统计分析等，对研究区域的生态因子进行空间分析，进而实现对空间地理数据的挖掘和提取。

在单因子评价的基础上，通过加权叠加法综合评价因子的生态敏感性。通过单因子及综合因子评价，结合山东省 16 地市 137 个县（市、区）资源和地域结构现状，进行山东省旅游业生态空间结构的敏感性分析，为山东省旅游生态功能区划分提供决策依据和支持。

路线如下：

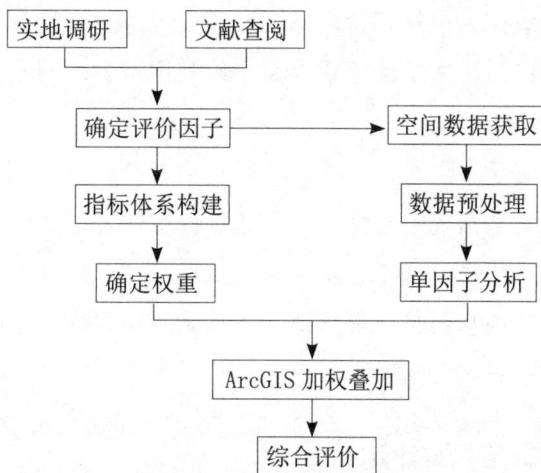

图 4-1　山东旅游生态敏感性空间分析技术路线

二、山东省旅游生态敏感性因子分析

生态敏感性评价需要根据研究区域内造成生态敏感性区域差异的主要环境问题及其相关因素，选择评价因子。而造成这种敏感性差异的因素有很多，可以归类为自然生态因素和社会经济因素两种。自然生态因素造成的生态系统敏感性主要是由于自然环境的变化，区域内部的耦合关系被打破，使得生态系统失去平衡向不利的方向发展；社会经济因素造成的生态系统敏感性主要是指由于人类活动（社会、经济活动）的不合理性导致的生态失衡，具体表现在过度排放、过量砍伐、过度开采、过度浪费以及人口增长引发的资源环境等一系列问题。在现实情况中，生态系统的敏感性是自然生态因素和社会经济因素相互作用、影响的结果，但是在不同区域的影响因素也不尽相同，所以需要根据研究区域内的自然生态问题、社会经济问题等特点选取科学合理的敏感性评价因子。

（一）自然因子

自然因子通常包括地形、地貌、植物、水体等天然物质要素，它们是区域旅游资源的基底，也是区域生态环境的呈现。山东省生态环境多样化和自然旅游资源丰富，本书根据山东省自然生态特征选取高程、坡度、坡向、水域、植被覆盖度、降水作为自然评价指标。对该类因子的评价分析，有助于厘清旅游发展过程中自然生态制约因素以及土地利用潜力，为旅游业空间结构分析提供依据。

（二）社会因子

社会因子通常是指人类在生产、生活过程中或者在其他社会活动中所产生的各种人工物质要素，通常包括各种建筑设施、土地利用等内容。本书根据山东省人类活动现状包括选取道路和土地利用类型为社会因子评价指标，定量评价山东省的生态敏感性。

三、指标选择与权重计算

（一）指标选择

1. 评价等级划分

山东省旅游生态敏感性的程度，决定了山东省发生生态问题的可能性和程度，其反映了各地区环境状况、生态稳定性，按照生态敏感度进行区域划分，以此为基础优化旅游的空间分布和规划，为生态保护和旅游行业的发展决策提供理论依据。敏感程度，依据自然因素和人类活动对该区域的影响程度划分，对区域生态系统影响越大，生态系统对干扰的承受能力越低，则该区域敏感性越高，受到严重生态环境破坏后，生态恢复速度也越慢，区域生态保护级别越高；反之，区域生态系统受外界干扰的影响越小，对外界人类开发建设的承受能力越高，则该区域敏感性越低，可以承受更多的人类活动和开发建设。

根据山东省的地域和生态特性，以及国家相关生态功能区划分要求和文件，采用自然分类法，按敏感程度将其划分为五个级别并赋值。

（1）高度敏感区（9）。该区域对于人类活动以及自然影响的承受能力是最敏感的，一旦出现干扰甚至破坏，不仅会影响这个区域，周围生态系统也会遭到破坏，且恢复能力也是最弱的。

（2）较高敏感区（7）。该区域对于人类活动、自然环境变化的敏感性程度较高，生态恢复能力较弱。不过对于维持最敏感区域的良好功能及其他方面具有重要的作用。

（3）中度敏感区（5）。该区域可以承受一定强度的干扰，但是过度的开发建设活动、比较严重的自然灾害会破坏区域内的生态环境，恢复速度也较慢。

（4）较低敏感区（3）。该区域可以承受较强的人为和自然环境的干扰，但相比低敏感区，当受到严重的干扰时，生态恢复也比较缓慢。

（5）低敏感区（1）。该区域可以承受很强的人类活动和开发建设，这个地区的土地利用比较成熟，可以被用作多种性质和用途的开发建设。

2. 评价指标体系的建立

研究区域的不同，其生态系统所呈现的发展状态，社会及自然环境之间的动态输出有很大的差异。由此，生态敏感性因子的选择、指标框架的搭建、权重的确立，需要依据研究区域生态系统的特性进行选择。本书采用加权叠加方法结合层次分析法，将选用的生态因子，在单因子分析的基础上，叠加全部生态因子综合评价分析。

在多因子相互作用的条件下，生态系统对自然变化和人类活动产生的抵抗作用，即抗干扰能力，即为生态敏感性。研究发现，生态因子在单独存在的状态下会对生态系统产生一定影响，多因子的交互作用，对生态系统的影响更为复杂。结合生态系统综合性和复杂性的特点，在评价因子选取的过程中，应较大程度上减少因子间的相关性，从而选取不同层级具有代表性的因素。

评价因子作为生态敏感性评价的关键，其选择的合理性、科学性、相关性，直接影响到整体评价的准确性。本书在选取生态因子的过程中，始终遵循科学性原则、合理性原则、一致性原则、定性与定量相结合原则、简洁与聚合的原则及可操作化原则。综合上述方法，考虑到山东省旅游空间大多为自然生态景观，综合生态特性、地形地貌、自然环境、人类活动等多方面的因素，考虑在保证数据真实准确的前提下，最终确定高程、坡度、坡向、道路、水域、植被覆盖度、降水和土地利用类型八项生态因子作为山东省旅游生态敏感性评价的评价因子。

（1）分析依据。

NASA 提供的数字地形图。

Google Earth 影像图。

其他机构的参考资料。

专业部门提供的数据。

NASAMODIS 卫星数据。

美国陆地资源卫星 landsat8 影像。

（2）根据山东省区域现状和从参评因子表中选取合适的指标加以量化分析。

旅游敏感性分析因子选择通常应遵循科学性、合理性、一致性的原则，选择对旅游质量具有显著影响、性质较稳定、可量化表示、数据易于获得的主导因素作为参评指标。

表 4-1 山东省旅游生态敏感性评价指标体系

目标层	准则层	指标层
山东省旅游生态敏感性评价指标体系	自然生态因素	高程
		坡度　坡向
		水域
		植被覆盖度
		降水
	社会经济因素	土地利用类型道路

山东省生态环境多样化和自然旅游资源丰富，本书根据山东省自然生态特征选取水域、高程、坡度、坡向、植被覆盖度和降水作为自然生态评价指标，将土地利用类型和道路作为社会经济评价指标。

（1）水域。水域是指陆地水域和水利设施用地[126]。水域对于动植物的生存和生长具有重要的影响，可以保持物种的多样性，调节生态系统的平衡。但是水域也最容易受到周围生态环境变化和人为因素的影响，要充分考虑水域生态环境的保护。按照距离水源的远近程度划分敏感度级别。

（2）高程。高程是某一点沿着垂直方向到绝对基面的距离[127]。它是自然生态中的一个重要因素，因为随着海拔的上升温度会下降，造成了植被出现明显的垂直分布，从而生态系统也会垂直分布。生物多样性随着温度的降低而降低，生态系统敏感性增强。根据海拔的高低进行敏感度分级。

（3）坡度。坡度是局部地表在空间的倾斜程度指标，是工程设计和生产力空间布局的重要因子[128]。坡度的大小影响了地表接收太阳辐射的面积和植被的生长状况，从而影响了植被分布。在土壤条件相同的情况下，坡度大小还是山体滑坡等自然灾害发生程度的指标之一。按照坡度倾斜率划分敏感度级别。

（4）坡向。坡向是坡面法线在水平面上的投影方向[129]。坡向，决定了山体接受日照的时长和太阳辐射强度，对于山地生态有很大的影响。在北半球，南坡接受的日照时数较多，接受的太阳辐射强度较高，顺次东南和西南坡、东坡和西坡、东北和西北坡、北坡，其日照时间长度和太阳辐射强度逐渐减少，因此坡向的不同对于植被的分布具有一定的影响。根据坡向的不同进行敏感度分级。

（5）植被覆盖度。植被覆盖度是植被（包括叶、茎、枝）在地面的垂直投影面积占统计面积的百分比[130]。它是反映生态系统环境变化情况和调节气候功能的重要元素，也是衡量地表植被状况的重要指标，对于生态、水文、区域变化等都具有重要意义。按照植被覆盖度高低划分敏感度等级。

（6）降水。降水量是指从天空降落到地面上的液态或固态（经融化后）水，没有经过蒸发、渗透、流失，在水平面上聚集的深度。降水量的大小对生态系统具有一定的影响，降水量大的时候容易造成水土流失，破坏土地资源，影响农业生产；水库、渠道严重淤积，水利工程加速失效，水工效益降低；还会使洪涝灾害加剧，生态环境日益恶化。按照降水量的大小进行敏感度等级的划分。

（7）土地利用类型。土地利用类型指的是土地利用方式相同的土地资源单元[131]。其根据土地利用的区域不用划分不用的类型，由此更为直观地表现出土地属性、功能、分区等基本信息，是人类在生产和生活中，对土地进行改造和建设之后，土地所表现出的不同方向功能和优势的土地利用类别。它对于土壤、植被、水文都有不同程度的影响，由此加剧了不同类型的生态系统敏感性问题，所以土地利用分类对于旅游的生态敏感性评价具有不可忽略的影响。按照不同的土地利用类型划分敏感度级别。

（8）道路。道路是人类活动干扰生态系统的因素之一。利用空间分析中的缓冲区去分析方法创建道路缓冲区，由此可以辨别人类活动对生态系统的干扰程度，并分级表示。建立多级缓冲区，距离道路越近的区域敏感性越小，统计估算道路影响各类生态系统的面积。

生态敏感性评价，在确定评价因子之后，首先对单个的评价因子进行单因子评价，分析其敏感区域，然后利用选定的评价因子综合评价各类生态环境问题，得到综合生态敏感性，从而实现更为精准的研究区域生态环境敏感性的分布特征。

（二）权重确立与计算

山东省旅游生态敏感性评价，包含八个评价指标，这些评价指标对山东省生态环境的作用效果有着明显的差异性。在采用空间分析方法，对单个评价指标进行单因子分析的基础上，需要确定各个指标在评价指标系统中的优先程度及重要性，即赋予每个评价指标一个权重系数，以用于最后的综合因子分析。权重系数的确定，需要结合研究区域的生态环境状况，其分配的合理性直接影响到评价结果的科学性。

权重由各评价因子的作用和因子两两之间的重要程度确定。因此，本书评价因子的权重由专家评分、层次分析法（Analytic Hierarchy Process, AHP）和 meta 分析（meta-analysis）确定。

首先，通过mata 分析确定各评价因子，对山东省环境承载力的影响程度。最终确定评价因子的最小数据集，共包含八个因子：高程、坡度、坡向、道路、水域、降水、植被覆盖和土地利用类型。结合山东省生态特性及生态时空变化过程，采用专家打分和 AHP 确定权重、构建单因子分级层次，以确保评价结果的科学性和严谨性。

AHP 是由 Saaty 提出的一种稳健的多准则决策方法，已被应用于分析各种决策情况下的复杂和非结构化问题。AHP 方法是一种灵活的分析方法，允许通过两两比较为每个因素分配优先级（相对权重）。由此，本书邀请了生态、旅游、环境等领域的 30 多位专家，依照各个评价因子在敏感性中的重要程度进行打分，进而构造判断矩阵，得出对应评价因子的系数权重。其中，土地利用分类、植被覆盖度对山东省旅游的生态敏感性的影响相对较高。

表 4-2　评价指标的权重比较矩阵

因子	降水	高程	坡度	坡向	水域	道路	植被覆盖度	土地利用分类	几何平均值	权重值
降水	1	1/3	1/3	1/3	1/5	1/5	1/7	1/9	0.26	0.0227
高程	3	1	3	3	1/3	1/3	1/3	1/7	0.78	0.0673
坡度	3	1/3	1	3	1/3	1/3	1/3	1/7	0.60	0.0512
坡向	3	1/3	1/3	1	1/3	1/3	1/3	1/7	0.45	0.0389
水域	5	3	3	3	1	3	1/3	1/5	1.51	0.1296
道路	5	3	3	3	1/3	1	1/3	1/5	1.15	0.0985
植被覆盖度	7	3	3	3	3	3	1	1/3	2.21	0.1897
土地利用分类	9	7	7	7	5	5	3	1	4.68	0.4022

四、指标体系构建

针对山东省旅游产业的发展、土地利用分类情况及主要生态环境问题，综合考虑生态可持续发展与人类活动之间的相关性，选用高程、坡度、坡向、水域、植被覆盖、降水、土地利用类型、道路作为评价指标。利用空间分析的方法，首先依据单个评价指标，进行单因子分析。然后采用加权叠加法，将生态因子依照相应权重叠加分析。在单因子分析和空间叠加分析中，将单因子和综合因子进行等级划分，并制作生态敏感性分级图。本书采用自然分类法，对山东省的生态敏感性划分为五类并赋值：高度敏感区、较高敏感区、中度敏感区、较低敏感区、低敏感区，最终建立生态敏感性评价指标体系，如表 4-3 所示。

表 4-3 生态敏感性指标体系

评价因子	生态敏感性分级及其得分				
	高度敏感	较高敏感	中度敏感	较低敏感	低敏感
评分	9	7	5	3	1
植被覆盖度	高植被覆盖度（FC＞70%）	较高植被覆盖度（50%＜FC＜70%）	中度植被覆盖度（30%＜FC＜50%）	较低植被覆盖度（10%＜FC＜30%）	低植被覆盖度（FC＜10%）
土地利用类型	水体	林地	草地、园地	耕地、荒地	建设用地
高程	＞500m	300～500m	200～300m	100～200m	＜100m
坡度	＞25°	15°～25°	5°～15°	2°～5°	0°～2°
坡向	北	东北、西北	东、西	东南、西南	平地，南
水域	＜1.5km	1.5～3km	3～5km	5～7km	＞7km
道路	＞5km	3～5km	2～3km	1～2km	＜1km
降水	＞700mm	650～700mm	600～650mm	500～600mm	＜500mm

土地利用类型：不同土地类型对于人类活动或自然活动破坏的恢复程度不同，敏感性也不同，水体生态系统多样，在受到自然或人为的影响后不易恢复，敏感性强；建设用地由于土地利用开发得完善，生态系统比较单一，对于自然和人为的影响不大，恢复迅速，敏感性低；敏感性依次越来越高的是耕地、荒地、草地、园地和林地。

植被覆盖度：植被覆盖度越高说明该地区的植被覆盖程度好，植被多，生态系统多样，敏感性高，遭受到自然和人为影响后不易恢复；在城区建设用地植被覆盖度小，敏感性低，在受到自然和人为的影响后恢复速度快。

高程：山东省大多是平原地区，山地主要集中在鲁中地区和鲁东地区，随着每 100 米的升高，温度降低 0.6 度，温度的降低对植物的生长状况、生态系统的多样性具有一定程度的影响，按照山东省的海拔高度分为五个级别。

坡度：地面坡度的不同级别，对耕地利用的影响不同，《土地利用现状调查技术规程》中把耕地分为五级，≤ 2°、2°～5°、5°～15°、15°～25°、> 25°。≤ 2°一般无水土流失现象；2°～5°可发生轻度土壤侵蚀，需要注意水土保持；5°～15°可发生中度水土流失，应采取修筑梯田、等高种植等措施，加强水土保持；15°～25°水土流失严重，必须采取工程、生物等综合措施防治水土流失；> 25°为《水土保持法》规定的开荒限制坡度，即不准开荒种植农作物，已经开垦为耕地的，要逐步退耕还林还草。

坡向：平底和南向山坡，接受日照时数较多，接受的太阳辐射强度较高，顺次是东南和西南坡、东坡和西坡、东北和西北坡、北坡，依次对应为低敏感、较低敏感、中度敏感、较高敏感、高度敏感。

生态敏感性评价中明确敏感区域的划分是核心；为生态环境分析及生态系统的建设调控提供支撑是主要功能应用；依据敏感区域的划分，制作相应的经济发展、环境修复的措施及政策是主要目的；实现人类活动与生态环境的协同可持续发展是最终目标。在生态系统这一大环境下，自然生态、社会经济、人类活动等多重因素均对区域内生态敏感性有着不同程度的影响，而生态敏感性的评价为生态系统的稳定发展提供了保障。

第五章
山东省旅游生态空间敏感性分析

在前述指标体系构建的基础上，通过收集山东省地理空间数据，进行山东省生态空间敏感性分析，在对数据进行分析处理的基础上对山东省生态空间进行了生态敏感性单因子分析和生态敏感性综合分析。

一、山东省概况与数据来源

（一）研究区域概况

研究区域为山东省，其陆地所在面的经纬度为北纬 34°23′～38°17′，东经 114°48′～122°42′，陆地总面积为 15.69 万平方千米。山东省位于我国的东部沿海地区，东部陆地向海内延伸，位于渤海与黄海之间，同辽东半岛相对，海岸线长度 3000 多千米，其长度是我国海岸线总长度的六分之一，此外，近海海域分布有众多小岛屿。黄河由河南省转道流入山东省，流经菏泽市、济宁市、泰安市等 9 个地级市，横跨全省水域面积广阔，最终流入渤海。山东省跨越淮河、黄河、海河、小清河和胶东五大水系。山东省在气候上属暖温带季风气候，地势中部山地突起，西南、西北低洼平坦，地貌类型涵盖山地、丘陵、台地、盆地、平原、湖泊等多种类型，

从山东省区域范围看，其地貌特征基本可以分为平原和丘陵两种类型。平原主要分布在山东省的北部和西部地区，基本属于构造沉降区，而东部及中部多为山地丘陵，属于构造隆起区。基于此，山东省总体上中部山地隆起，地势最高；东部及南部为丘陵地带，地势较为和缓；北部及西北部为平原地带，对丘陵地带呈现出半包围之势。

（二）数据来源

本书中用到的数据主要是地理空间信息数据，数据资料的主要来源为相关数据网站，如地理空间数据云、中国科学院资源环境科学数据中心。其主要数据类型为遥感影像、矢量及栅格数据（表5-1）。

地理空间数据云（GSCloud）平台，充分汇聚了国内外多类质科学数据资源，提供了丰富的面向多领域科学研究需求的数据产品，并提供了在线计算功能，方便快捷。此外，平台"数据众包"中，"需求汇"作为功能模块，面向数据需求者定向制作数据产品，以满足多领域的科研工作人员的需求。本书从GSCloud中获取了分辨率为30米的Landsat8遥感影像，30米全球空间分辨率的DEM数字高程数据，这是特别重要的。

由中国科学院地理科学与资源研究所和中国科学院资源环境科学数据中心研发的数据服务平台，该平台包含26个数据库，提供中国资源环境数据成果展示系统，实现了数据的多种类交互式展示。本书从该平台中获取了山东省省级县级行政边界数据，山东省年度植被指数（NDVI）空间分布数据，中国水系流域空间分布数据库中的河流数据，以及基于Landsat8遥感影像通过人工目视解译生成的土地利用现状遥感监测数据。

表5-1　山东省生态敏感性分析所用数据

序号	名称	格式	来源	数据类型
1	山东省省级县级行政边界数据	SHP	中国科学院资源环境科学数据中心	地理空间数据
2	覆盖研究区的Landsat8遥感影像	TIFF	地理空间数据云平台	地理空间数据
3	土地利用现状遥感监测数据	TIFF	中国科学院资源环境科学数据中心	地理空间数据
4	山东省年度植被指数（NDVI）空间分布数据	TIFF	中国科学院资源环境科学数据中心	地理空间数据
5	DEM数字高程数据	TIFF	地理空间数据云平台	地理空间数据
6	山东省河流空间分布数据	SHP	中国科学院资源环境科学数据中心	地理空间数据

（续表）

7	山东省道路空间分布数据	SHP	中国科学院资源环境科学数据中心	地理空间数据
8	山东省年降水量空间差值数据集	TIFF	中国科学院资源环境科学数据中心	地理空间数据

二、数据预处理

本书采用的数据主要为地理空间数据，数据类型包括遥感影像、矢量和栅格数据，主要通过 ArcGIS 技术采用遥感解译和空间分析方法实现数据的预处理。本书最终处理获得八个数据：土地利用分类、植被覆盖度、高程、坡度、坡向、河流水域、道路和降水。

1. 土地利用分类

土地利用分类，是在土地利用现实情况的基础上，根据区划中土地的用途、功能，按照《土地利用现状》等国家标准，按照一定的层级体系对土地利用类型进行划分。采用一级、二级两个层次的分类体系，共分 12 个一级类、57 个二级类，其中 12 个一级类有耕地、园地、林地、草地、商服用地、工矿仓储用地、住宅用地、公共管理与公共服务用地、特殊用地、交通运输用地、水域及水利设施用地和其他土地。

土地覆盖是自然营造物和人工建筑物所覆盖的地表诸要素的综合体，包括地表植被、土壤、湖泊、沼泽湿地及各种建筑物（如道路等），具有特定的时间和空间属性，其形态和状态可在多种时空尺度上变化。它是随遥感技术发展而出现的一个新概念，其含义与"土地利用"相近，只是研究的角度有所不同。土地覆盖侧重于土地的自然属性，土地利用侧重于土地的社会属性，对地表覆盖物（包括已利用和未利用）进行分类。例如，对林地的划分，前者根据林地生态环境的不同，将林地分为针叶林地、阔叶林地、针阔混交林地等，以反映林地所处的生境、分布特征及其地带性分布规律和垂直差异；后者从林地的利用目的和利用方向出发，将林地分为用材林地、经济林地、薪炭林地、防护林地等。但两者在许多情况下有共同之处，故在开展土地覆盖和土地利用的调查研究工作中常将两者合并考虑，建立一个统一的分类系统，统称为土地利用／土地覆盖分类体系。

山东省土地利用类型共包括 6 个一级类（耕地、林地、草地、水域、居民地和未利用地）以及 24 个二级类型。

表 5-2 土地利用分类系统

一级类型		二级类型		
编号	名称	编号	名称	含义
1	耕地			指种植农作物的土地，包括熟耕地、新开荒地、休闲地、轮歇地、草田轮作物地；以种植农作物为主的农果、农桑、农林用地；耕种三年以上的滩地和海涂
		11	水田	指有水源保证和灌溉设施，在一般年景能正常灌溉，用以种植水稻、莲藕等水生农作物的耕地，包括实行水稻和旱地作物轮种的耕地
		12	旱地	指无灌溉水源及设施，靠天然降水生长作物的耕地；有水源和浇灌设施，在一般年景下能正常灌溉的旱作物耕地；以种菜为主的耕地；正常轮作的休闲地和轮歇地
2	林地			指生长乔木、灌木、竹类以及沿海红树林地等林业用地
		21	林地	指郁闭度＞30% 的天然林和人工林，包括用材林、经济林、防护林等成片林地
		22	灌木林	指郁闭度＞40%、高度在 2 米以下的矮林地和灌丛林地
		23	疏林地	指林木郁闭度为 10%～30% 的林地
		24	其他林地	指未成林造林地、迹地、苗圃及各类园地（果园、桑园、茶园、热作林园等）
3	草地			指以生长草本植物为主，覆盖度在 5% 以上的各类草地，包括以牧为主的灌丛草地和郁闭度在 10% 以下的疏林草地
		31	高覆盖度草地	指覆盖＞50% 的天然草地、改良草地和割草地。此类草地一般水分条件较好，草被生长茂密
		32	中覆盖度草地	指覆盖度在＞20%～50% 的天然草地和改良草地，此类草地一般水分不足，草被较稀疏
		33	低覆盖度草地	指覆盖度在 5%～20% 的天然草地。此类草地水分缺乏，草被稀疏，牧业利用条件差

（续表）

4	水域		指天然陆地水域和水利设施用地
		41 河渠	指天然形成或人工开挖的河流以及主干常年水位以下的土地，人工渠包括堤岸。
		42 湖泊	指天然形成的积水区常年水位以下的土地
		43 水库坑塘	指人工修建的蓄水区常年水位以下的土地
		45 滩涂	指沿海大潮高潮位与低潮位之间的潮浸地带
		46 滩地	指河、湖水域平水期水位与洪水期水位之间的土地
5	城乡工矿居民用地		指城乡居民点及其以外的工矿、交通等用地
		51 城镇用地	指大、中、小城市及县镇以上建成区用地
		52 农村居民点	指独立于城镇以外的农村居民点
		53 其他建设用地	指厂矿、大型工业区、油田、盐场、采石场等用地以及交通道路、机场及特殊用地
6	未利用土地		目前还未利用的土地，包括难利用的土地
		61 沙地	指地表为沙覆盖，植被覆盖度在5%以下的土地，包括沙漠，不包括水系中的沙漠
		62 戈壁	指地表以碎砾石为主，植被覆盖度在5%以下的土地
		63 盐碱地	指地表盐碱聚集、植被稀少，只能生长强耐盐碱植物的土地
		64 沼泽地	指地势平坦低洼，排水不畅，长期潮湿，季节性积水或常年积水，表层生长湿生植物的土地
		65 裸土地	指地表土质覆盖，植被覆盖度在5%以下的土地
		66 裸岩石质地	指地表为岩石或石砾，其覆盖面积＞5%的土地
7		67 其他	指其他未利用土地，包括高寒荒漠，苔原等
8		99 海洋	

以 Lansat8 作为基础影像，利用 ArcGIS 软件，获取山东省各类用地的面积。山东省植被覆盖面积为 12.42 万平方千米，占全省总面积的 79.48%。山东省耕地以旱地为主，耕地面积为 10.12 万平方千米，占全省总面积的 64.8%。山东省林草覆盖面积相对较高，包括 8 大类林地和 2 大类草地，总面积为 2.32 万平方千米，占全省总面积的 14.68%。

表 5-3 土地利用结构统计表

耕地	林地	草地	水域	城乡工矿居民用地	未利用土地
64.8%	6.26%	8.41%	4.19%	15.1%	1.14%

2. 植被覆盖度

植被覆盖度一般通过地面测量和遥感估算两种方法测量获得。传统的方法是地面测量，如目估法、样方法、样带法、样点法及借助采样仪器的测量方法[132]。但是由于野外工作不方便、成本高、速度慢，所以无法大范围的提取植被覆盖度。遥感技术可以监测大范围的植被覆盖度，已经研究出许多测量植被覆盖度的方法，应用较多的是植被覆盖度与光谱指数的相关分析法、回归模型法以及像元二分模型法等。本书采用的是像元二分模型法。

像元二分模型是基于 $NDVI$ 进行的估算，$NDVI$（归一化植被指数）是植被生长状态及植被覆盖度的最佳指示因子，是遥感中应用最广泛的植被指数。它可以部分消除与卫星观测角太阳高度角等相关的辐照度条件变化的影响。$NDVI$ 计算公式如下：

$$NDVI = (NIR - RED) / (NIR + RED) \tag{5-1}$$

其中，NIR—近红外波段反射率，RED—红光波段反射率。

像元二分模型是一种既简单又实用的遥感估算模型，它的原理是假设一个像元覆盖的地表由植被覆盖部分地表和无植被覆盖部分地表两部分组成，而遥感传感器观测到的光谱信息也是由这两个组成因子线性加权合成，各因子的权重是各自的面积在像元中所占的比率，如其中的植被覆盖度可以看作是植被的权重[133]。像元二分模型估算植被覆盖度公式如下：

$$FC = (NDVI - NDVI_{soid}) / (NDVI_{veg} - NDVI_{soid}) \qquad (5-2)$$

其中，$NDVI_{soid}$—完全无植被覆盖或者裸土区域的 $NDVI$ 值，$NDVI_{veg}$—完全被植被所覆盖区域的 $NDVI$ 值，即纯植被像元的 $NDVI$ 值。

在 ArcGIS 中，查看图层属性（Layer Properties），在 Stretched 界面中获取 $NDVI$ 数值范围，取研究区域内最小 $NDVI$ 值为 $NDVI_{soid}$，最大 $NDVI$ 值为 $NDVI_{veg}$，采用栅格计算器（Spatial Analyst-Raster Calculator），应用像元二分模型估算植被覆盖度公式计算植被覆盖度的分布情况。研究区域的平均植被覆盖度达到了 77.04%，植被覆盖状况良好。山东省陆域植被覆盖程度有着相对明显的地域特征：鲁北地区的滨州、东营等地区靠近黄河入海口，形成著名的黄河三角洲，生长期中农作物覆盖度较好，但在沿海地区是沙滩，植被稀少甚至没有，植被覆盖度低；鲁东地区的烟台、威海、青岛、日照等地区有长岛国家自然保护区、琅琊台风景区、崂山风景区，森林覆盖度好，植被覆盖度高，由于旅游开发以及房屋开发建设等导致植被覆盖度低；鲁南地区主要是沂水、蒙阴、沂南等地区有著名的地下大峡谷，地质条件不适宜开发大面积建筑，主要发展旅游业，植被覆盖度高；鲁西地区，菏泽、济宁、枣庄、聊城、德州等地区地势平坦，适合机械化农作物生产，植被主要是以农作物为主，森林覆盖率低，植被覆盖度受季节、农作物种植模式影响较大；鲁中地区中的泰安有泰山风景区，植被覆盖度好，另外济南、淄博、潍坊等地区，由于城市化的影响，植被具有较多的人工痕迹，植被覆盖度较低。

3. 高程

DEM（Digital Elevation Model）数字高程模型，该数据获取于地理空间数据云，其分辨率为 30 米。在 ArcGIS 中，点击 AddData 由此添加 DEM 数据，即为空间数据的展示。查看图层属性（LayerProperties），进入 Symbology—Classification 界面，可以看到研究区的高程值主要集中在 0-443 区间，且其自动分类不合适。由此，选用 NaturalBreaks（Jenks）分类方法，将高程数据分为 9 类，以此更明显的表达山东省地势的起伏状态。

本书所使用的全球 30 米数据高程数据（DEM），获取自地理空间数据云，由 ASTER GDEM V1 加工得到。山东半岛三面环海，鲁西北平原辽阔，鲁西南地势平坦，鲁中及山东半岛区域地势起伏较大。其中，五岳之首的泰山位于鲁中山区，济南市与泰安市的交界处，海拔高达 1532.7 米。通过 DEM 高程数据显示，全省海拔 100 米以下区域占全省面积的 71.47%；海拔在 100~200 米之间区域占全省面积的 16.09%；海拔 500 米以上的区域仅占全省面积的 1.24%，其主要分布在鲁中地区。

4. 坡度

为辅助表示山东省地形的分布和地势的起伏，通过 DEM 数据获取坡度数据，并进行分级展示。将 DEM 导入 ArcGIS 之后，在 ArcToolbox 中选用 3DAnalystTools—RasterSurface—Slope 工具，执行此项功能后得到坡度数据。在其图层属性中（LayerProperties），进入 Symbology—Classification 界面，选用 NaturalBreaks（Jenks）分类方法，将坡度数据分为 9 级。

本书中使用的坡度数据，是根据现有的分辨率为 30 米的数字高程模型（DEM）数据，通过 ArcGIS 中的栅格表面分析工具，提取坡度信息，山东省坡度 2° 以下区域占全省面积的 12.25%；坡度 15° 以下区域占全省总面积的 89.23%；坡度在 25° 以上区域占全省面积的 3.06%，主要集中在鲁中地区。

5. 坡向

本书中使用的坡度数据，是根据现有的分辨率为 30 米的数字高程模型（DEM）数据，通过 ArcGIS 中栅格表面分析工具 3DAnalystTools—RasterSurface—Aspect，提取坡度信息，并制作坡向分级图。所得到的坡向数据均为具体的数值，通过坡向角度范围的划分，在 LayerProperties—Smbology—Classification 中手动调整中断值，实现方向的划分。通常，坡向测量单位为度，逆时针方向测量，角度范围如表 5-4 所示。

表 5-4 坡向分类表

方向	北	东北	东	东南	南
角度	0°～22.5° 337.5°～36.0°	22.5°～ 67.5°	67.5°～ 112.5°	112.5°～ 127.5°	157.5°～ 202.5°
方向	西南	西	西北	平底	
角度	202.5°～ 247.5°	247.5°～ 292.5°	292.5°～ 337.5°	-1°～0°	

6. 水体

在 ArcGIS 中，点击 Add Data 由此添加水域矢量数据，展示山东水域空间数据分布情况。山东省内河网较为发达，黄河横穿山东省中部，经过菏泽市、泰安市、济南市、东营市等 9 个地级市；鲁运河纵观南北，从聊城市的临清到枣庄的台儿庄，沿途经南阳、独山、邵阳、微山湖等水域；主要河流有小清河、徒骇河、马颊河、沂河、沭河、大汶河等；主要湖泊分布在鲁中南山丘区和鲁西平原的接触带上，较大的湖泊有东平河和南四湖（由微山湖、邵阳湖、独山胡、南阳湖组成），南四湖是中国十大淡水湖之一；大中型水库有峡山水库、岸堤水库、日照水库、陡山水库等 231 座。

7. 道路

山东省交通发达，道路分级较多，且道路网密集。通过遥感影像提取获得的道路数据，为线状的矢量数据。为高效实现道路网的可视化，在各级道路的图层属性中，将道路线的粗细颜色按照道路分级进行调整，级别越高的道路显色越明显，且线体越粗。山东省以丘陵平原为主，公路网密集，山东省的客运运输以公路运输为主，公路交通对山东省区域发展有着重要的作用。本书区域内，整个公路网呈"五纵四横一环八连"的结构。山东省道路分布图显示，济南作为山东省的省会城市，道路网交汇最为密集。结合山东省地形特点，在鲁西北和鲁西南的平原地区，公路网分布密集。

通过对道路的分布计算，利用空间分析的线密度分析，其根据落入每个单元一定半径范围内的折线要素计算每单位面积的量级。在 ArcGIS 中，使用

Spatial Analyst Tools—Density—Line Density 线密度分析工具，得到道路的分布密度。山东省道路密度图显示，山东省路网密度相对较高，公路主要集中在济南市、潍坊市、淄博市、青岛市和临沂市，其他地区公路分布相对稀疏。

8. 降水

山东省，位于暖温带半湿润季风气候区，四季分明，夏季的降雨量占比最大。山东省平均年降水量，为 350～800 毫米，自南到北降水逐渐减少；平均气温，在 11～14℃。夏季降水集中，超强降雨时有发生，是造成山东省洪涝灾害的主要因素。由于山东省境内，河流水域较多，除了黄河外，还有山溪性河流和平原河流两大类，全省大范围降雨时，可能会发生全流域性的洪涝灾害。

通过空间差值（Interpolation）的方法，得到山东省平均年降水量。山东省平均年降水量层次明显，由山东省西南部到东北地区逐渐减少，在山东半岛地区降水量逐渐升高。

三、单因子生态敏感性分析与生态敏感性综合分析

（一）单因子生态敏感性分析

在结合研究区域生态系统特点的基础上，科学选取了 8 个生态因子，作为山东省生态敏感性分析的评价因子，通过 GIS 与 RS 结合的方法，实现空间数据的可视化，进而结合地理环境生态现状，多方面地反映山东省土地资源生态现状及其敏感性分布。首先，利用 ENVI 和 ArcGIS 对遥感影像进行特征因子提取，即为数据预处理阶段。在对数据预处理之后，8 个评价因子所对应的空间数据，均为栅格数据。由于评价系统的需求，使用 ArcToolbox 中的 SpatialAnalystTools—Reclass—Reclassify 重分类工具，将各因子按照分类规律，划分为五个敏感性等级。在其图层属性 LayerProperties—Smbology—Classification 中，调整分类的颜色和标签（Label），即利用 GIS 进行空间分析，将评价因子的敏感性划分为五个等级：低度敏感性、较低敏感性、中度敏感性、较高敏感性、高度敏感新。由此，在空间分析和数据

分析的基础上，结合地理环境生态现状进行单因子的分析评价。

1. 土地利用类型敏感性分析评价

土地利用类型是人们按照一定区域的用途、自然属性等划分的土地类别，因此土地利用具备了自然和人文双重属性[134]。

山东省土地利用类型敏感性低区域的面积是 2.36 万平方千米，占总面积的 15.09%。敏感性低的区域只要是人为开发的环境，土地类型主要是建设用地，包括城乡建设用地、工业用地以及交通道路、机场及特殊用地等。敏感性低的区域主要分布在各市区的中心城区、各乡镇的中心位置以及滨州、东营、潍坊沿海地区的工业用地。土地利用生态敏感性低可实施土地开发及改建的项目，土地利用较为成熟，从生态环境保护的角度看适宜城市的发展。

土地利用类型敏感性较低的区域是山东省分布范围最广、面积最大的区域，面积达到了 10.3 万平方千米，占总面积的 65.95%，在土地利用类型生态敏感性中占比重最大。较低敏感性的区域主要是以耕地、未利用地（包括沙地、戈壁、盐碱地、沼泽地、裸土地等）为主，分布范围较为集中。山东省是农业大省，在其各类土地分类数据统计中，耕地面积在 50% 以上，充分开垦土地用于农作物种植，农作物产量丰富。这种土地利用类型的区域在受到人类活动、自然因素影响干扰后自我恢复所需要的时间较短，耗费的环境补偿费用较少。从空间上来说，低敏感区域主要集中在两个地域：滨州市的无棣县和沾化区，东营市的河口区；潍坊市的寿光市、昌邑市和潍坊区。

土地利用中敏感性区域的面积是 1.38 万平方千米，占总面积的 8.84%。中度敏感性的区域以草地、园地为主，主要集中在枣庄市、临沂市、淄博市、潍坊市西部、济南市南部的鲁中南地区以及鲁东地区的烟台市。这些区域对于人类活动的影响具有一定的抗干扰性，但是一旦受到严重破坏便会造成水土流失等严重的环境问题。

土地利用类型敏感性较高区域面积是 0.91 万平方千米，占总面积的 5.84%。较高敏感性区域主要以林地为主，主要集中在山地、风景区，如泰山风景区、长岛国家自然保护区、琅琊台风景区、崂山风景区、沂蒙山风景区等。较高敏感性主要分布的区域：济南市的济南区、长清区和章丘区，泰安市的泰山区，淄博市的淄川区、沂源县，潍坊市的青州市、临朐县，青岛市的崂山区，烟台市的栖霞市、海阳市和牟平区。虽然林地自然条件好，但是林地大多分布在海拔坡度较高的地区，林地一旦遭到破坏便很难恢复。这个区域可以调节区域气候，维持区域内部整个生态系统的功能。

土地利用类型敏感度高的区域面积占总面积的 4.28%，以水体为主，其中东平河和南四湖（由微山湖、邵阳湖、独山胡、南阳湖组成）面积最大，还有黄河、运河、小清河、徒骇河等河流以及峡山水库、岸堤水库等水库。其中，高敏感区域较为集中且面积较大的区域，主要分布在泰安市的东平县，济宁市的微山县，潍坊市的安丘市、昌邑市、高密市的交界地带以及莱州湾的沿海地区。高敏感度是指自我调控能力差、自我恢复慢、人类修复困难的地区。

表 5-5　土地利用因子分级标准及面积占比

评价因子分级标准	敏感度分级	赋值	面积占比	权重
水体	高度敏感	9	4.28%	
林地	较高敏感	7	5.84%	
草地、园地	中度敏感	5	8.84%	0.4022
耕地、荒地	较低敏感	3	65.95%	
建设用地	低敏感	1	15.09%	

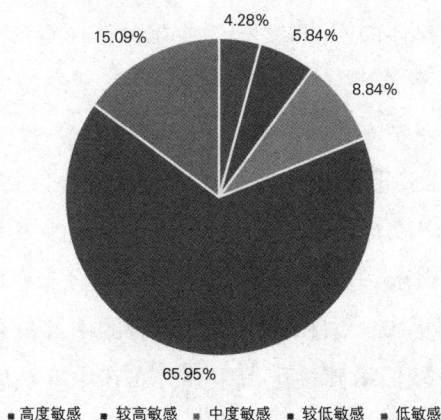

图 5-1　土地利用因子敏感性面积占比

2. 植被覆盖度敏感性分析评价

植被覆盖度是反映生态系统水土保持和调节气候功能的重要因子[135]。通常采用归一化植被指数（NDVI）进行表征，值域是 0 ~ 1。

植被覆盖度达到 85% 以上的为高敏感性区域，面积达到了 5.95 万平方千米，占总面积的 38.17%。面积分布广泛且集中，其中一部分主要集中在临沂市、枣庄市、泰安市、济南市南部的自然风景区以及青岛市、烟台市、威海市等自然风景区，这些地方林地覆盖范围广，植被覆盖率好；另一部分主要集中在各个市的耕地区域，尤其是菏泽市、聊城市、德州市等以耕地为主要土地类型的城市。

植被覆盖度在 55% ~ 85% 之间的是较高敏感性区域，面积达到了 8.02 万平方千米，占总面积的 51.44%，在植被覆盖度生态敏感性中占比重最大。该区域分布较为集中并且十分广泛，山东省内各市均有覆盖。主要是集中在鲁中南地区以及鲁西地区，这些地区主要的土地类型是草地、园地以及耕地。

植被覆盖度在 35% ~ 55% 之间的区域生态敏感性程度为中度，面积不大，占研究区总体面积的 6.73%。分布较为集中，主要集中在山东省内各市区的中心城区、各乡镇的中心区域等主要经济发展地区以及沿海植被覆盖率不是很高的地区。

较低敏感性区域是植被覆盖度在 15% ~ 35% 内的区域，面积为 0.35 万平方千米，占研究区域总体面积的 2.29%。零星分布在省内各市区内中心区域，集中分布在滨州市、东营市、潍坊市、烟台市、威海市、青岛市以及日照市的沿海部分以及主要东平湖等河流湖泊。

低敏感区域的植被覆盖度小于 15%，面积最小，占研究区域总面积的 1.37%。低敏感区域集中分布在滨州市、东营市以及潍坊市沿海地区。

从整体上来看，山东省以较高敏感区域为主，分布在山东省的各个区县。在空间上，中度敏感区域大面积集中在山东省的中部及东部地区，中度敏感区呈点状零散分布。较低敏感性区域主要分布在中度敏感性区域附近，比较明显的区域如济南市的市中区、德州市的临邑县、青岛市的崂山区、济宁市的微山县。低敏感区域面积占比最少，主要分布在渤海湾和莱州湾的沿海地区。

中度敏感区主要集中分布在滨州市的无棣县、沾化区，东营市的河口区、垦利区、东营区，潍坊市的寿光市、昌邑市。

表 5-6　植被覆盖度因子分级标准及面积占比

评价因子分级标准	敏感度分级	赋值	面积占比	权重
FC > 85%	高度敏感	9	38.17%	
55% < FC < 85%	较高敏感	7	51.44%	
35% < FC < 55%	中度敏感	5	6.73%	0.1897
15% < FC < 35%	较低敏感	3	2.29%	
FC < 15%	低敏感	1	1.37%	

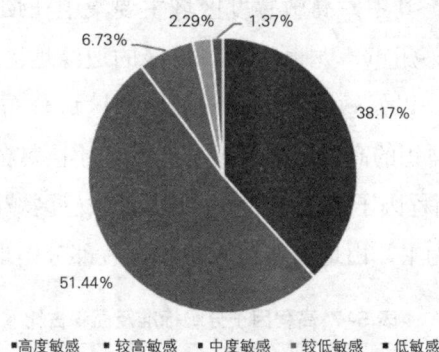

图 5-2　植被覆盖度因子敏感性面积占比

3. 基于高程的生态敏感性评价

山东省主要包括平原、平陵、山地三种地貌，不同地貌对旅游业的建设及风景区的选址影响各异。高程的变化，形成了不同的地貌类型，形成了生态系统的垂直结构，带来了生态系统的多样性，产生了丰富多彩的自然景观。随着高程的升高，生物多样性的降低，生态系统抗干扰能力的降低，生态敏感性升高，区域更倾向于以保护为主。

将高程分为五个级别，分别对应敏感度的分级，随着高程的升高敏感性也逐渐增高。从整体来讲，山东省敏感性的各个类型分布相对集中，以高度敏感区域为中心，较高敏感区域、中度敏感区域和较低敏感区域圈层式环绕，低敏感区域大面积分布。低敏感区域占全省面积的 71.47%，较低敏感区域占全省面积的 16.09%，主要分布在鲁西南平原和鲁西北地区，包括菏泽市、济宁市、临沂市、聊城市、德州市、滨州市、东营市、济南市和淄博市的北部。

高度敏感区域仅占全省面积的 1.24%，主要分布在鲁中地区的山区，包括泰安市的东北部、济南市、淄博市的南部和潍坊市的西南部。综合高度敏感和较高敏感区域，共占全省面积的 5.99%，呈"弧状"分布在山东省的中部地区。其中，在济南市的市中区、章丘区、莱芜区，淄博市的淄川区、沂源县，潍坊市的青州市、临朐县，泰安市的泰山区有较大面积分布。

对于山东半岛丘陵地区，敏感度分布以较低敏感度区域为主，沿海地区主要为低敏感区域。其中，高敏感度区域主要集中在烟台市中部的栖霞市。此外，在烟台市的莱州市、龙口市和牟平区的边缘地区也有少量分布。对于山东省的沿海区域，以低敏感区域和较低敏感区域分布为主，但是在青岛市的崂山区也有较大面积的高度敏感区域和较高敏感区域的分布。

总体来讲，在高程因子的敏感性分析中，低敏感区域面积占比在 70% 以上，说明山东省以平原为主，山地分布比较集中，且部分山地海拔较高。

表 5–7 高程因子分级标准及面积占比

评价因子分级标准	敏感度分级	赋值	面积占比	权重
＞ 500m	高度敏感	9	1.24%	
300 ～ 500m	较高敏感	7	4.75%	
200 ～ 300m	中度敏感	5	6.44%	0.0673
100 ～ 200m	较低敏感	3	16.10%	
＜ 100m	低敏感	1	71.47%	

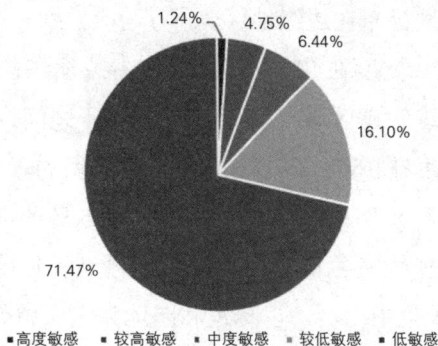

图 5-3 高程因子敏感性面积占比

4. 基于坡度的生态敏感性评价

坡度，是地表一点的切平面与水平面的夹角，用来描述地表面在该点的倾斜程度[136]。坡度的大小，会影响地表物质能量的流动，在一定程度上制约区域生产力空间布局。坡度与高程相辅相成，关系密切，随着高程的升高，坡度不断攀升，其敏感性分级相似。坡度作为地形地貌的重要因子之一，表示地表单元陡缓的程度，坡度直接关系到植被的种植。坡度在 15°以上，开垦耕地容易引发水土流失，我国在《中华人民共和国水土保持法》中规定：禁止在 25°以上陡坡地开垦种植农作物。

以地理特征为基础，结合 GIS 和 RS 相关技术，通过 ArcGIS 地物渲染的方法，利用色彩光影的组合变化来表现地表的起伏状态。山东省包括三种主要地形：平原、丘陵、山地，以平原为主，山东半岛地区多分布有丘陵地形，山地主要在鲁中山区。平原地形，坡度小于 5°，占全省面积的 86.09%，主要分布在鲁西北地区和鲁西南局部地区；丘陵地形，坡度在 5°～15°之间，占全省面积的 10.48%，主要分布在东部和鲁西南局部地区；坡度大于 15°，属于山地，占全省面积的 3.43%，主要分布在鲁中地区和鲁西南局部地区。

低敏感区域，坡度在 0°～2°之间，占山东省总面积的 72.8%，结合山东省土地利用分类情况，该区域多分布有耕地和建筑用地，农作物的种植以小麦和玉米为主。其中，滨州市、东营市、德州市、潍坊市、聊城市、济宁市和菏泽市，几乎全部分布为低敏感。全省范围内，低敏感区域最少的为烟台市和威海市，仅零散分布在边缘地区。

较低敏感区域，坡度在 2°～5°之间，占总面积的 13.29%，主要包括建筑用地和耕地；中度敏感区域，坡度在 5°～15°之间，占总面积的 10.48%；较高敏感区域，坡度在 15°～25°之间，占总面积的 3.07%，以林地为主，主要分布在鲁中地区和东部地区，其中位于山东半岛的烟台市林地居多，园林种植业以烟台苹果作为特色产品；高度敏感区域，坡度大于 25°，占总面积的 0.36%，主要位于鲁中山区，以林地和园地为主。整体看来，山东省在坡度的单因子分析中，以低敏感和较低敏感区域为主。高度敏感区域、较高敏感区域与中度敏感区域三者呈圈层状分布，分布紧密，层次明显。研究区域内部，上述三种敏感性等级分布较多的区域为济南市的平阴县、长清区、市中区、莱芜区，泰安市的泰山区，淄博市的淄博区、沂源县，潍坊市的临朐县，临沂市的沂水县、蒙阴县、平邑县，济宁市的泗水县。

从整体上来说，山东省以低敏感区域分布为主，占全省面积的 70% 以上，且高敏感区域非常少，仅不到百分之一。坡度因子与高程因子的敏感性分布规律相似，山东省中部和东部地区，集中分布中度级以上等级的敏感区域。综合坡度敏感度分析和土地利用类型分类，山东省的建设用地主要分布在坡度小于 5 度的平原地区，周围环绕着耕地和草地，敏感性较低。在地势较高的丘陵和山地，随着坡度的升高，土壤侵蚀加剧，同时山东省降雨集中，水土流失严重，因此以园林为主，耕地和建设用地极少。

表 5-8 坡度因子分级标准及面积占比

评价因子分级标准	敏感度分级	赋值	面积占比	权重
>25°	高度敏感	9	0.36%	
15°～25°	较高敏感	7	3.07%	
5°～15°	中度敏感	5	10.48%	0.0512
2°～5°	较低敏感	3	13.29%	
0°～2°	低敏感	1	72.8%	

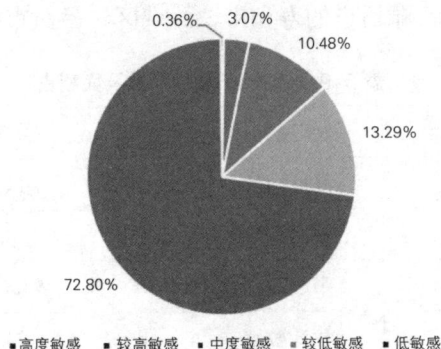

图 5-4　坡度因子敏感性面积占比

5. 基于坡向的生态敏感性评价

坡向作为环境生态的重要影响因子，各类坡向接受阳光照射的不同，结合温度、雨量等因子的综合作用，其生态环境的组成各有差异。山东省位于北半球，南坡接受的日照时数较多，接受的太阳辐射强度较高，顺次东南和西南坡、东坡和西坡、东北和西北坡、北坡，接受的日照和太阳辐射逐渐减少。南坡植被类型丰富，生态系统自我调节能力强；北坡植被类型少，生态系统不稳定，受到自然灾害或者人类活动影响后，自我恢复能力较低。由此，北坡生态敏感性高，南坡生态敏感性低。

结合坡向的生态敏感性分析，山东省以中度敏感和较高、较低敏感区为主，共占山东省总面积的 74.41%；高度敏感区域占总面积的 14.12%；低敏感区域占总面积的 11.47%。山东省平原和丘陵地区，敏感性分级较为均匀；鲁中山区及东部丘陵地区，由于高程较高，坡向分明，去敏感性的区分度较高，且敏感度分级的区域连续面积较大，能够较好地对高敏感区进行保护，进行旅游景区的适度开发。

从整体上来说，研究区域内坡向因子的敏感性分布十分分散，分布规律不明显。其中，研究区域内有三部分水域呈现明显的低敏感，其分布区域在泰安市东平县，济宁市微山县，以及潍坊市境内昌邑市与高密市的接壤区域。此外，在滨州市、东营市、潍坊市部分沿海地区的高覆盖度草地，也划分了低敏感区域，其主要包含以下几个区县：滨州市的沾化区、无棣县，东营市的东营区、广饶县，潍坊市的寿光市、潍城区、昌邑市，烟台市的莱州市。

表5-9 坡向因子分级标准及面积占比

评价因子分级标准	敏感度分级	赋值	面积占比	权重
北	高度敏感	9	14.12%	
东北、西北	较高敏感	7	24.84%	
东、西	中度敏感	5	25.54%	0.0389
东南、西南	较低敏感	3	24.03%	
平底，南	低敏感	1	11.47%	

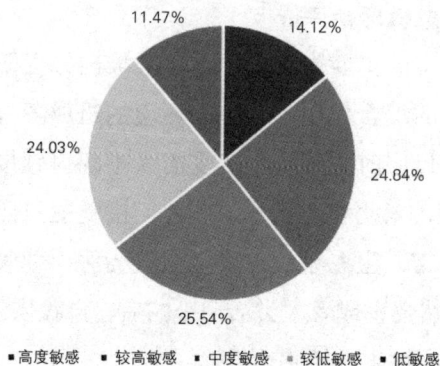

图5-5 坡向因子分级标准及面积占比

6.水域敏感性分析评价

　　水域不仅为水生生物提供了栖息环境，同时也为岸边生物提供了良好的生态环境，增加了物种的多样性，这对生物的生存、生长具有重要的影响。另外，在改善空间环境、调节局部气候、维持正常的水循环以及提高景观质量等方面也起到了重要的作用。

　　数据处理后得到水域缓冲区因子生态敏感性分级图。高敏感区域缓冲区的范围是小于0.5千米，面积是1.596万平方千米，占总面积的10.17%。较高敏感区域的缓冲区范围是0.5～1千米，在研究区域内占据的面积最小，是1.1393万平方千米，占总面积的7.26%。中度敏感区域在研究区域内占据的面积相对偏高，缓冲区 1～3 千米的面积达到了 4.5 万平方千米，占总研究区域面积的 28.70%。较低敏感性区域的范围是 3～5 千米，所占面积为 8.848万平方千米，所占比重为 22.98%。低敏感性区域是研究区域内占据面积最大的区域，达到了 4.848 万平方千米，所占比重为 30.89%。

从总体上来看，距离水域越近，其敏感性级别越高。在空间上，高度敏感区域的分布，与山东省水域的分布基本相似。从整体上来说，在山东省的西北部、西南部，水域的分布主要以线状为主，交叉分布。在山东省的中部以及东部地区，高度敏感性区域多以点状分布，也说明这部分地域的水域分布主要以点状分布为主，点状与线状水域交错分布，较为零散。从分布面积上来看，全省高敏感区域分布最多的三个区省域，依次为济宁的微山县、滨州市的无棣县、泰安市的东平县。

山东省内陆地区，有四个地区高敏感度较为集中，即该区域有大面积的湖泊或者河网交错密集，其地域分布分别为济宁市的微山县，泰安市的东平县，济南市的市中区以及潍坊市的高密市、昌邑市、安丘市的交界处。沿海地区水域主要分布在山东省的东北部沿海地区，集中分布在莱州湾沿海区域（主要涉及滨州市的无棣县、沾化区以及东营市的河口区），以及渤海湾部分沿海区域（主要涉及东营市的广饶县、垦利区、东营区，潍坊市的潍城区、寿光市）。

表 5-10 水域因子分级标准及面积占比

评价因子分级标准	敏感度分级	赋值	面积占比	权重
< 0.5km	高度敏感	9	10.17%	
0.5～1km	较高敏感	7	7.26%	
1～3km	中度敏感	5	28.7%	0.1296
3～5km	较低敏感	3	22.98%	
> 5km	低敏感	1	30.89%	

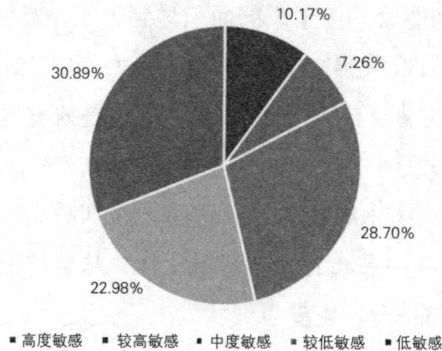

图 5-6 水域因子敏感性面积占比

7.道路敏感性分析评价

道路是体现人类活动的重要因子，也是生态敏感性评价过程中的重要评价因子，可以体现人类活动的频繁程度，从而体现人类活动对生态的影响程度。距离道路越近，人类活动越频繁，生物多样性降低。距离道路越远，人类活动因素越少，生态环境质量升高，更加适合作为旅游业发展用地。但是，在考虑生态环境及生物多样性的同时，也要结合交通因素，以促进旅游业的迅速发展。

利用 ArcGIS 对道路进行多重缓冲区分析，路网缓冲带，体现了道路的密集程度以及人类活动的影响范围。结合山东省的区域特点及道路分布，通过道路的生态敏感性分析，小于 1 千米缓冲带为低敏感区域，占全省总面积的44.53；1～2 千米缓冲带为较低敏感区域，占总面积的 26.83；2～3 千米缓冲带为中度敏感区域，占总面积的 14.55；3～5 千米缓冲带为较高敏感区域，占总面积的 10.25；大于 5 千米缓冲带为高度敏感区域，占总面积的 3.84%。从整体上来看，山东省道路的敏感性以低敏感级别为主，以线状分布，交错密集。高度敏感性区域面积，仅占全省总面积的 3.84%，主要分布在西南和东北部沿海地区。西南地区，主要是在济宁市微山县，以微山湖为主的湖泊地域；东北部沿海区域，主要是莱州湾及渤海湾的沿海地区，该地域主要分布着沙滩，道路稀疏。渤海湾沿海地区的东营市河口区、垦利区面积最大，其中，黄河入海口位于垦利区，泥沙堆积面积较大。

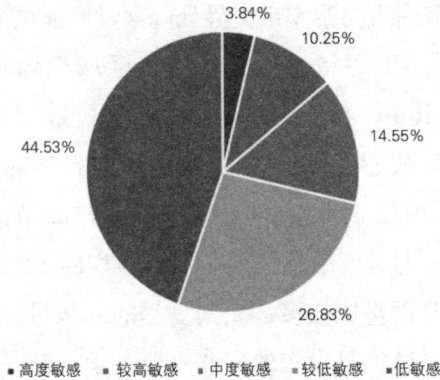

3.84%
10.25%
14.55%
44.53%
26.83%

■ 高度敏感　■ 较高敏感　■ 中度敏感　■ 较低敏感　■ 低敏感

图 5-7　道路因子敏感性面积占比

表 5-11　道路因子分级标准及面积占比

评价因子分级标准	敏感度分级	赋值	面积占比	权重
＞5km 缓冲带	高度敏感	9	3.84%	
3～5km 缓冲带	较高敏感	7	10.25%	
2～3km 缓冲带	中度敏感	5	14.55%	0.0985
1～2km 缓冲带	较低敏感	3	26.83%	
＜1km 缓冲带	低敏感	1	44.53%	

8.降水敏感性分析评价

　　降水，受到海陆位置、大气环流、洋流和地形的影响，在不同区域间有所差异。降水量对森林有着作用与反作用，降水量的大小决定了森林是否能够形成，森林生态系统有着调节区域水文的作用，由此反作用于降水。

　　利用山东省 22 个气象观测点，结合 CIS 分析，对山东省年降雨量的时空分布进行分析。山东省地处东部沿海地区，属于暖温带半湿润季风气候区，降雨主要集中在夏季。从降雨的空间分布来看，山东省降雨量，由西南到东北部逐渐减少；在山东省最东部沿海地区，降水量随着到海岸线距离的减少，不断增加。如图 5-25，在泰安市与济南市交界处降雨量要比周围多，是因为泰山山脉使气流抬升，气流抬升过程中使部分水蒸气凝结从而形成降水。泰山山脉绵长，由此济南市与泰安市交界处降雨量明显增多。

基于降水因子的生态敏感性分析，各区域平均年降水量主要集中在 600～700mm 之间。其中，小于 500mm 为低敏感区域，占全省总面积的 8.81%；500～600mm 为较低敏感区域，占总面积的 17.18%；600～650mm 为中度敏感区域，占总面积的 31.4%；50～700mm 为较高敏感区域，占总面积的 32.36%；大于 700mm 为高度敏感区域，占总面积的 10.24%。从年平均降雨总量上，山东省整体降雨量比较多，尤其夏季的降雨量过于集中，且湖泊河流较多。此外，黄河下游横贯山东的华北平原，于山东东部垦利区入海，降雨集中量多，黄河决口，泛滥频繁。由此，山东省洪涝灾害频发，西南地区尤为严重。

表 5-12 降水因子分级标准及面积占比

评价因子分级标准	敏感度分级	赋值	面积占比	权重
＞700mm	高度敏感	9	10.24%	
650～700mm	较高敏感	7	32.36%	
600～650mm	中度敏感	5	31.4%	0.0227
500～600mm	较低敏感	3	17.18%	
＜500mm	低敏感	1	8.81%	

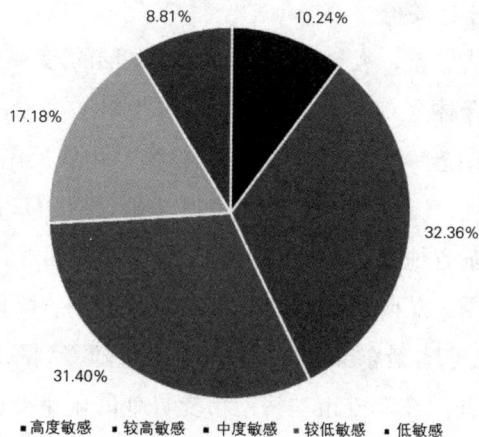

图 5-8 降水因子敏感性面积占比

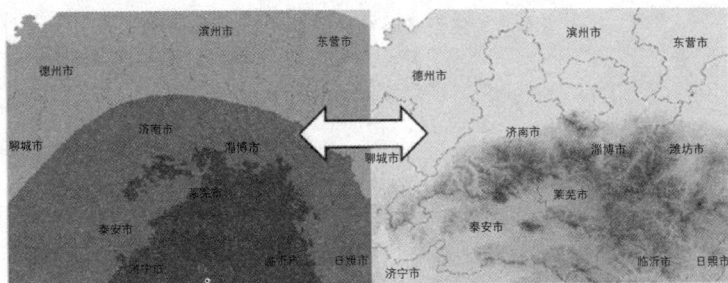

图 5-9 降水与地形图

（二）生态敏感性综合分析

本书对山东省生态敏感性分析中，共选用了八个生态敏感指标作为评价因子，分别进行单因子评价分析和多因子的综合分析。在单因子评价分析中，对降水、高程、坡度、坡向、水域、道路、植被覆盖度、土地利用分类八个评价分子，依据高度敏感性、较高敏感性、中度敏感性、较低敏感性、低度敏感性五个生态敏感性等级划分，利用 ArcGIS 进行单因子评价。单因子分析，可以表达指标与研究区的紧密联系，通过属性数据的空间分析可以得到该指标对研究区域的影响效果。但其局限于单一指标的属性表达，无法综合体现研究区域的生态敏感性状况。由此，在单因子分析的基础上，整合八个评价因子对研究区域进行综合分析，进而得到生态敏感性等级划分。

将按照等级划分的单因子的栅格图像，按照各自权重（降水 0.0227，高程 0.0673，坡度 0.0512，坡向 0.0389，水域 0.1296，道路 0.0985，植被覆盖度 0.1897，土地利用类型 0.4022），利用 ArcGIS 中的 Weighted Sum 实现评价因子的加权叠加，继而按照聚类分析的自然间断点法（Nature Breaks）进行重分类（Reclassify），得到生态敏感性综合分布图。其综合敏感性分级与单因子生态敏感性分级相同，生态敏感性各级面积占比如表 5-13 所示。图 5-27 为山东省综合生态敏感性分布图，对其属性数据进行定量分析，融合人文地理和自然现状进行定性分析，定量与定性相结合实现对研究区域生态敏感性的综合分析。

表 5-13 生态敏感性等级划分及面积占比

敏感性等级	高度敏感	较高敏感	中度敏感	较低敏感	低度敏感
综合生态敏感性评价值	9	7	5	3	1
面积占比	8.63%	9.65%	40.90%	30.04%	10.78%

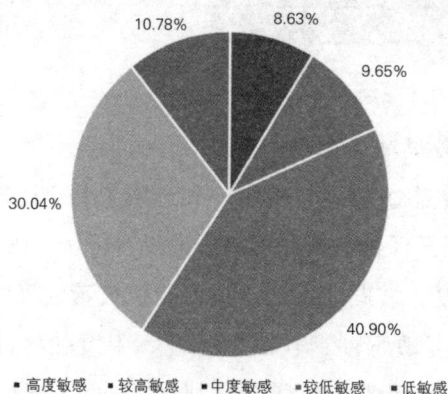

图 5-10 生态敏感性面积占比

由山东省综合生态敏感性分布图分析可知，山东省生态敏感性在空间分布上呈现明显的地域差异，高度敏感区主要分布在山区和水域集中的区域。其中，比较明显的在鲁中山区，鲁西南湖泊等地呈面状分布，在黄河、沂河等河流呈线状分布。建设用地基本均为低度敏感性，结合土地利用分布图，综合敏感性分布图中低敏感性区域分布与建设用地的分布类似，如图 5-28 所示。由此可见，随着人为痕迹的增多，区域生态系统可以承受更多的人为开发建设，归为低敏感性区域，但是，当其生态系统受到自然灾害影响时，其恢复速度相应会慢。相反，在河流及山地区域，人类活动对其生态系统的影响较大，承受能力较低，区域生态敏感性较高。如图 5-28 所示，黄河流域呈高度敏感性分布。

综合各因子来看，山东省总体敏感性处于中等水平，以中度敏感性和较低敏感性为主。从整体来看，高度敏感、较高敏感和中度敏感区域，呈圈层状分布；低度敏感主要以城镇集中地为主，分布零散。

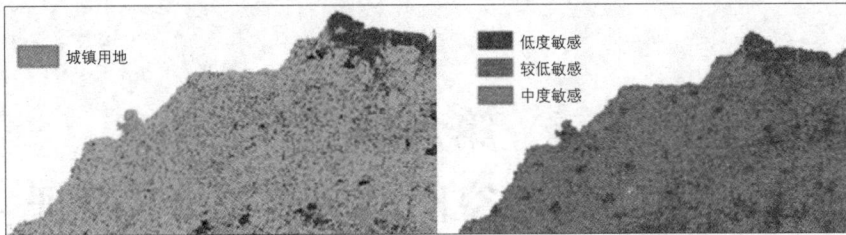

图 5-11　城镇用地分布和综合低敏感性分布

从山东省综合生态敏感性分布图可以得出如下结论。

（1）低度敏感区，占山东省总面积的 10.78%，集中分布在鲁西北平原、鲁西南及沿海地区。此外，在人口最多的临沂市、潍坊市和青岛市，其低度敏感性区域面积相对较多。

（2）较低敏感区及中度敏感区，占山东省总面积的 70.95%，在全省境内分布均匀，其分别占总面积的 30.04% 和 40.91%，主要分布在鲁西北平原、鲁西南以及鲁中与鲁东搭界的部分地域。

（3）较高敏感区，占山东省总面积的 9.65%，主要分布在鲁中山区和鲁东丘陵地带的周边。

（4）高度敏感区，占山东省总面积的 8.63%，主要分布在鲁中山区和鲁东丘陵地区，在湖泊和部分沿海地区也有分布。

综合本书研究，生态敏感性评价的整体路线，是在明确研究区域主要环境问题类型和可能性大小的基础上，选定生态因子作为评价体系的评价因子，然后根据主要生态环境问题的形成机制，明确特定生态环境问题可能发生的环境问题，并对评价因子进行分级。其主要作用在于确定生态环境受人类活动影响最敏感区域以及生态系统保护的重点区域，为政府及相关部门在生态安全维护、生态功能区划分等方面的决策提供依据。

第六章
山东省旅游生态空间地域类型及其特征

　　旅游业的发展对资源环境的依赖程度极高，资源环境的地域空间分布在一定程度上决定了当地旅游业的发展，旅游行业比其他任何行业更应该珍惜资源环境的生态红利和生态机会。人类活动和地理环境之间虽然是互动的、开放的系统，但是人类往往因为其主观能动性和创造力而将自己放在这一系统的主导地位，而不自觉地造成区域侵略和环境侵占。当区域侵略和环境侵占超过了环境承载力的阈值就会造成环境伤害或者说是环境破坏，这种损伤往往是不可逆的，因此旅游活动应该关注人类活动对环境的影响程度，还应关注不同环境对影响的耐受程度和消化能力，根据不同区域的生态特征进行旅游产品的规划和开发，才能实现人地和谐发展的有序局面。

　　因此，以山东省旅游生态空间敏感性分析为基础对山东省旅游发展的不同地域类型进行划分，并对各旅游生态空间地域结构类型的特征进行了研究，有针对性地进行符合各地域特征的旅游规划和开发，真正实现山东省旅游生态空间统筹协调和可持续发展。

一、山东省旅游发展的地域结构分析

　　山东省具有利于旅游发展的优越基础条件，地处黄河下游，位于我国东部沿海，区位优势显著，南靠江、浙、沪，北临、津、唐，西接晋、陕等内陆地区，东与日本、韩国隔海相望。山东省属暖温带季风气候，地势中部山地突起，西南、西北区域低洼平坦，地貌类型涵盖山地、丘陵、台地、盆地、平原、湖泊等多种类型；跨越淮河、黄河、海河、小清河和胶东五大水系。

　　传统上从地理空间和行政区划的角度一般将山东省分为胶东半岛、鲁中、鲁西北和鲁（西）南地区，胶东半岛指胶州湾莱州湾之间胶莱河以东的半岛地区，包括青岛市、烟台市和威海市，目前也是山东省经济最发达的地区；鲁中地区包括济南市、泰安市、淄博市、潍坊市四地；鲁西北包括德州市、滨州市、聊城市和东营市；鲁（西）南地区包括济宁市、菏泽市、临沂市、枣庄市和日照市。

　　山东省历史悠久，文化积淀深厚，儒家学说的创始人孔子和儒家思想的代表人物孟子均出生于此，因此山东是被国内外公认的儒家文化诞生地，被称之为"孔孟之乡"。山东又一别称为"齐鲁大地"，其历史文化可以从地理空间和行政区划的角度分为齐文化和鲁文化两大领域。齐文化所在地目前从地理空间上来说为"海岱"之间的山东地区，包括鲁北、鲁中及胶东半岛地区，是春秋后期齐国疆域的主要范围，齐文化开放，崇尚革新；鲁文化所在地目前从地理空间上来说主要是在泰山以南，山东的南部各地市，以春秋时期鲁国所在地疆域范围为主体，鲁文化以儒家文化为代表，崇尚传统和礼制。

　　在上述丰富的自然地理环境和历史文化背景下，山东的自然旅游资源和人文旅游资源很多都蜚声中外，其中最为有名的就是"一山一水两圣人"。以泰山、黄河、儒家文化和滨海旅游为基础，山东省旅游业发展迅速，自2008年推出高度融合山东传统文化元素以及现代设计动向的"好客山东"标识至今，其品牌价值到2017年已达400亿。2017年以来山东省加快实施新旧动能转换重大工程，推进精品旅游发展，2017年山东省旅游消费总额9200.3亿元，接待境内外游客7.8亿人次，旅游产业实现高质高效发展。

　　山东省的旅游发展更应响应生态文明建设的大背景大环境，在基于生态敏感性分析基础上进行科学规划、合理布局。因此，根据山东省生态敏感性综合分析结果，并结合山东省地形地貌特征、区位气候生态因子以及旅游产业发展情况，将山东省划分为四个生态旅游空间类型，即旅游生态保护类、旅游生态限制类、旅游优化开发类、旅游重点开发类。

（一）山东省16地市旅游发展地域结构分布

　　从区域角度，按照旅游业发展需求，对山东省总体土地资源及空间分布做总体评价。使用中国科学院地理与资源研究所数据平台空间数据，基于ArgGIS密度分析对山东省16地市的生态敏感性进行分级表达，实现地理空间要素可视化，以更为直观综合的形式展示出山东省16地市生态空间的差异性。其主要过程如下：以综合敏感性分析图为基础，使用山东省市级边界线进行裁切，得到每个市级综合敏感性分析图；通过属性表，获得每个市级中低度敏感、较低敏感、中度明敏感、较高敏感、高度敏感的占比，分别以1，3，5，7，9的权重，最终获得该市级的综合敏感程度；区域赋值—打开"行政区"图层属性表，在属性表中添加字段"敏感性"，添加上一步所计算的相应市级的综合敏感程度。点击编辑，添加数据；打开"行政区"图层属性，打开"符号系统"对话框，点击"符号"标签，在列表框中选择"唯一值"，在"值"列表框选"敏感度"，点击"添加所有值"，在"色带"下拉框选择适当的颜色；通过ArcGIS软件的"Export Map"功能，生成市级综合敏感程度分级密度图，即山东省各地市敏感性分布现状。通过对各市综合敏感性的分析，山东省综合敏感性的分布呈"半包围式"，其敏感性较高的地域主要集中在鲁中及鲁南地区，鲁中地区以济南市和淄博市为主，鲁南地区敏感性较高的为临沂市和日照市。该地域地形主要是山地，植被类型丰富，生态系统多样，由此敏感性程度高。鲁西北地区敏感程度较低，敏感性程度最低的为东营市，其主要以平原为主，植被大多为农作物，生态系统单调，敏感性低。

　　将山东省16地市旅游产业发展水平与其生态敏感性现状叠加分析，其中，敏感性现状由各市生态敏感性指标表示；旅游产业发展水平由各城市旅游消费总额表示，得到山东省各地市"旅游＋生态"分布矩阵，如图6-2所示。山东省16地市根据其"旅游＋生态"现状分布于四个象限。第一象限有济南、烟台两个城市，生态敏感性高，旅游产出高，表明旅游产业发展成熟，综合实力较强，但生态资源较脆弱，在未来的旅游发展中应特别注意生态保护；第二象限有青岛一个城市，生态敏感性低，旅游产出高，表明旅游实力强且环境承载力较强，应作为山东省未来旅游发展的重点发展城市；第三象限有潍坊市、威海市、菏泽市、聊城市、德州市、滨州市、东营市七个城市，生态敏感性低，旅游产出较低，表明该类城市旅游实力弱，但环境承载力较强，因此可作为山东省旅游生产重点发展区域，为核心旅游区提供设施及服务支持。第四象限有泰安市、临沂市、济宁市、淄博市、日照市、枣庄市六个城市，生态敏感性高，旅游产出低，表明旅游实力较弱且环境承载力弱，在未来旅游发展中应以保护为主，依托当地特色旅游资源，科学发展适宜的旅游项目。

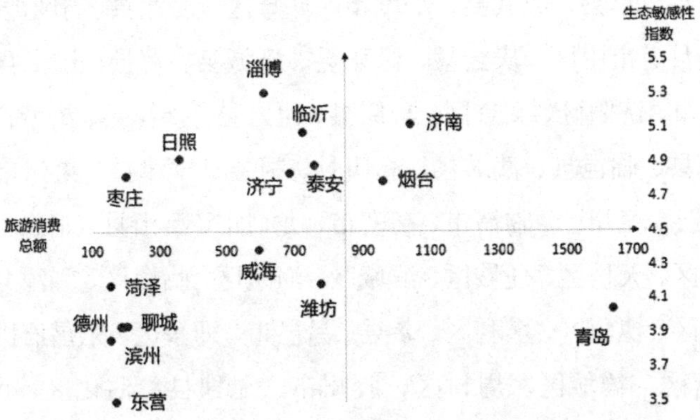

图 6-1 山东省各地市"旅游 + 生态"分布矩阵图

（二）山东省 137 县（区、市）旅游发展地域结构分布

在得到山东省 16 地市旅游发展地域结构分布后，进而以山东省 137 个县（区、市）为研究单元，按照旅游发展情况及敏感性指数叠加划分。其中，敏感性指数是根据敏感性综合分析加权得出，制作过程与市级相同。旅游发展现状采用 137 个县（区、市）的单位面积传统旅游产业总数来表示。

从县域的尺度上进行综合敏感性分析，山东省综合敏感性高的地方主要集中在鲁中、鲁南和鲁东地区，该地区地形主要是属于山地，植被类型丰富，生态系统多样，敏感性程度高，如淄川区、临朐县、博山区、莱芜区、沂源县、蒙阴县、平邑县、栖霞市、海阳市、蓬莱市等。而鲁西地区属于平原地区，植被类型主要是农作物，生态系统单调，敏感性低，如东昌府区、历下区、牡丹区、定陶区、任城区、兖州区等。在渤海湾附近地区多分布建设用地，植被覆盖度不高，生态系统单一，敏感性偏低，如寒亭区、寿光市、广饶县、东营区、垦利区、河口区、沾化区、无棣县等。

根据旅游发展情况及敏感性指数叠加结果表明，山东省 137 个县（区、市）

主要分布在二、三、四象限，如图6-4所示。其中，第二象限有市南区、历下区、芝罘区三个区，生态敏感性指数较小、旅游发展实力较强，在未来的发展中应作为重点发展区域；第三象限数量最多，有肥城市、福山区、郯城县、荣成市、临沭县、鱼台县、莱阳市、邹平市、齐河县、曲阜市、东港区、东明县、商河县、商河县、单县、成武县、平度市、环翠区、夏津县、宁阳县、滕州市、黄岛区、惠民县、市中区、庆云县、昌乐县、鄄城县、曹县、汶上县、薛城区、陵城区、乐陵市、济阳区、文登区、平原县、巨野县、嘉祥县、禹城市、郓城县、金乡县、东阿县、临邑县、武城县、高唐县、冠县、宁津县、莱州市、阳信县、莱西市、博兴县、兖州区、临清市、高密市、龙口市、梁山县、阳谷县、茌平县、高青县、定陶区、天桥区、任城区、滨城区、河东区、临淄区、利津县、兰山区、牡丹区、莱山区、槐荫区、垦利区、莘县、昌邑市、即墨区、东昌府区、广饶县、桓台县、东营区、德城区、周村区、胶州市、无棣县、沾化区、罗庄区、坊子区、潍城区、寒亭区、河口区、城阳区、寿光市、李沧区、张店区、奎文区、市北区、长岛县等93个县（区、市），该类区域生态敏感性指数较低、旅游发展实力较弱，在未来的发展中应根据其区域状况，结合山东省重要的旅游资源坐标点，作为山东省旅游生产空间和生活空间的重点发展区域；第四象限有微山县、博山区、淄川区、沂源县、崂山区、山亭区、蒙阴县、临朐县、莱芜区、钢城区、栖霞市、沂水县、平邑县、历城区、长清区、费县、五莲县、岱岳区、章丘区、海阳市、新泰市、沂南县、泰山区、牟平区、泗水县、市中区、邹城市、平阴县、莒县、东平县、青州市、招远市、蓬莱市、莒南县、兰陵县、岚山区、乳山市、峄城区、台儿庄区、安丘市、诸城市等41个县（区、市），该类区域生态敏感性指数较高、旅游实力较弱，在未来的发展中应依托其珍稀的旅游资源，遵循保护优先的原则，作为山东省旅游生态空间的重点发展区域。

生态敏感性指数

微山县　博山区
淄川区
沂源县
山亭区　　峄山区
长岛县　　　沂水县
五莲县　历城区
年平区　　　曲阜市
　　　蓬莱市
市中区
　　　泰山区
-2.00
乐陵市　18.00　28.00　38.00　48.00　58.00　68.00　78.00　88.00　旅游发展现状
德城区
莱芬区
坊化区　　潍城区
海光市　　城阳区
李沧区　　　芝莱区　　　历下区
张店区
奎文区
市北区
市南区
长岛县

7.5
6.5
5.5
4.5
3.5
2.5
1.5
0.5
-0.5

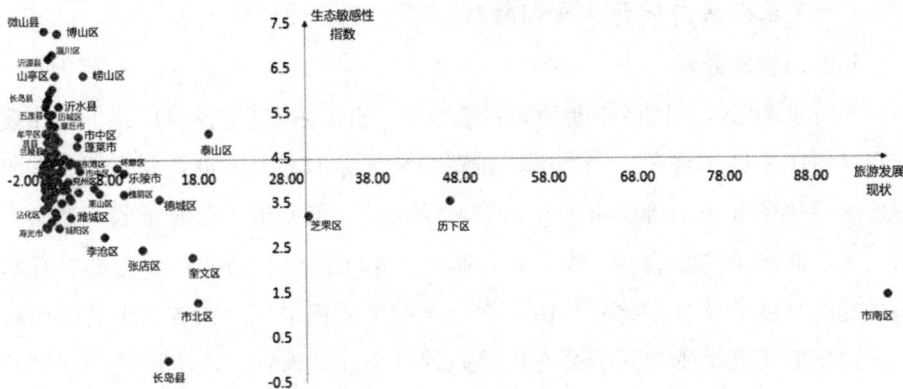

图 6-2　山东省 137 县（区、市）"旅游 + 生态"分布矩阵图

二、山东省旅游生态空间类型及其特征

山东省具有利于旅游发展的优越的基础条件，其地处黄河下游，位于我国东部沿海，区位优势显著，其南靠江、浙、沪，北临、津、唐，西接晋、陕等内陆地区，东与日本、韩国隔海相望。山东省属暖温带季风气候，地势中部山地突起，西南、西北低洼平坦，地貌类型涵盖山地、丘陵、台地、盆地、平原、湖泊等多种类型；跨越淮河、黄河、海河、小清河和胶东五大水系。山东省旅游业发展迅速，自 2008 年推出高度融合山东传统文化元素以及现代设计动向的"好客山东"标识至今，其品牌价值到 2017 年已达 400 亿。2017年以来，山东省加快实施新旧动能转换重大工程，推进精品旅游发展，2017年山东省旅游消费总额 9200.3 亿元，接待境内外游客 7.8 亿人次，旅游产业实现高质高效发展。

旅游生态空间应在基于生态敏感性分析基础上进行科学规划、合理布局，因此，根据山东省生态敏感性综合分析结果，并结合山东省地形地貌特征、区位气候生态因子以及旅游产业发展情况，将山东省划分为四个旅游空间结构类型，即旅游生态保护类、旅游生态限制类、旅游生态优化开发类、旅游生态重点开发类。

（一）旅游生态保护类空间特征

1. 空间特征分析

旅游生态保护类区域主要为高度敏感区，占山东省总面积的 8.63%，主要分布在鲁中山区和鲁东丘陵地区，在湖泊和部分沿海地区也有分布。其在鲁中地区，集中分布于济南市的长清区、章丘区、莱芜市，淄博市的沂源县、淄川区，潍坊市的临朐县、青州市，临沂市的蒙阴县、沂水县，主要是地势高引起的高度敏感性。此外，由于微山湖的大面积水域，在济宁市的微山县有大面积的高度敏感性区域分布。鲁东地区多丘陵地形，高度敏感性区域分布比较分散，主要分布区县有烟台市的牟平区、栖霞市以及招远市和龙口市的接壤地带，威海市的任城区。此外，山东半岛的崂山山脉分布着较大面积的高度敏感性区域，作为中国海岸线第一高峰，其位于青岛市崂山区，崂山山区面积高达 446 平方千米。

此类生态高度敏感区域应严格遵循生态保护优先的原则，重点保护各类物种丰富、生态优良的区域，严禁在该区域中进行各类建设开发行为以及环境污染行为。该区域目前也已有不同程度的旅游开发，如由大面积水域引起的高度敏感性区域——济宁市的微山县，传统旅游产业分布密度处于最低层级，区域内的主要景区微山湖旅游区为国家 4A 旅游景区，微山湖是中国北方最大的淡水湖，该景区被评为国家级风景名胜区，国家级生态示范区，国家级湿地公园，国家重点红色旅游区。新型旅游产业分布密度处于中间层级，区域内有旅游强乡镇 8 个、旅游特色村 15 个、乡村旅游模范村 2 个。由地势高引起的高度敏感性区域——济南市的长清区、章丘区、莱芜市，淄博市的沂源县、淄川区，传统旅游产业分布密度处于较低层级，新型旅游产业分布密度处于中偏上层级，可见以上区域目前以发展生态旅游为主。然而，分布着较大面积高度敏感性区域的青岛市崂山区，旅游业传统业及新业态分布密度皆处于最高层级（区域内景区 15 个、星级酒店 9 家、旅行社 10 家、旅游特色村 17 个、生态休闲农业示范园 1 个），在管理过程中应特别注意采取容量控制等措施以确保资源环境的有效保护和持续发展。

2. 旅游发展方向

旅游生态保护类区域为高度敏感区域，对人类活动极其敏感，外来因素对其生态系统的影响剧烈，生态系统会因此遭受到高强度的破坏。旅游生态保护区，由于抵抗人类活动的能力差，在未来的发展中应严格保护植被、水源，尽量维持区域内的原生状态，尽量避免各类不利于生态环境保护的经济活动和社会生产，对该区域进行重点的生态保护。

在旅游发展方面，可采取以下措施。

第一，旅游生态保护类区域适宜开展以体验和观光为目的的旅游活动，建议在科学测算该区域承载力基础上，针对高敏高价值的旅游资源，适度开展以生态保护为前提、对生态环境影响较小、低强度的原生态观光游览、科学考察等生态旅游活动。原生态观光是依托目前珍稀的旅游资源所开展的低强度的旅游活动，参与者主要是对人类活动影响小的原生态景观具有浓厚兴趣的旅游者；科学考察是依托自然生态资源所开展的实地科学考察的研究探索活动，参与者主要是科学研究人员、高校教师、学生等。此类旅游活动理论上对生态影响最小，但实际影响与否还有赖于该类旅游活动参与者的理念与行为，因此在发展中要注意对旅游者理念的培育和行为的约束。

第二，山东省旅游空间发展，应注意优化区隔生态、生产和生活"三生空间"。从空间结构布局分析，旅游生态保护类空间应以生态空间为主，同时还应针对区域内过度开发的地方，进行科学的生态恢复，实施生态系统的恢复与重建工作，恢复生态系统的良性运转。

（二）旅游生态限制类空间特征

1. 空间特征分析

旅游生态限制类区域主要为较高敏感区，占山东省总面积的 9.65%，主要分布在鲁中山区和鲁东丘陵地带的周边。较高敏感性区域紧邻高度敏感性区域分布，分布较为分散，山东省内比较集中的分布位于济南市的历城区，泰安市的泰山区，济宁市的邹城市、泗水县，枣庄市的山亭区、峰城区，临沂市的平邑县、费县、莒南县、蒙阴县。此外，烟台市的海阳市、蓬莱市、栖霞市、招远市，也有较大比例的较高敏感性区域的分布。

济南市的历城区，泰安市的泰山区，济宁市的邹城市、泗水县，传统旅游产业分布密度处于中偏下层级，新型旅游产业分布密度处于中偏上层级。其中，济南历城区有红叶谷生态文化旅游区、九如山瀑布群风景区、九如山瀑布群风景区等景区8个、星级饭店5家、旅行社4家，九如山瀑布群风景区为国家4A旅游景区、国家森林公园，是锦绣川水库（济南七十二名泉的发源地之一）的源头；红叶谷生态文化旅游区为国家4A旅游景区、国家重点风景名胜区。泰安市泰山区的泰山风景名胜区主峰海拔1545米，是国家5A级旅游景区、世界地质公园、世界自然与文化遗产、全国重点文物保护单位。

2. 旅游发展方向

结合土地利用分类，该类型区域中有大量的高中覆盖度草地，且在湖畔水坑的周围也有分布，区域内生态环境较为脆弱，生态系统较为敏感。因此，在未来发展中应侧重生态环境保护为主，建立旅游生态限制类区域，适度协调生态保护与旅游发展的关系。

在旅游发展方面，可采取以下措施。

第一，旅游生态限制类区域适宜开展以深度体验、求知、健康为目的的旅游活动，遵循生态旅游开发理念，在保护中发展，减少对水源与植被的破坏，建议适度开展以保护为主的观光游览、野外探险、科学考察、登山、以历史遗迹等人文景观为依托的观光类生态旅游活动。这类旅游活动是依托古典园林、寺庙、宫殿、古城、历代开发过的名山等旅游资源，开展具有一定环境交互度的旅游活动。这类旅游活动的参与者重视旅游现场的体验和感受，也需要有一定的旅游配套设施来支撑其旅游活动的完成。参与者多为具有文化修养，对自然景观和人文景观具有一定了解和向往的人群。此类旅游活动在享受旅游资源环境带来的生态机会和生态红利的基础上，对周围环境不可避免地会产生一定影响，旅游影响的大小也决定了此类空间的旅游承载力和可持续发展能力，因而也要以生态红线理论为支撑，在良性合理的旅游环境的承载力范围内，有限满足旅游者对旅游基础设施需求，并科学管理和引导此类旅游参与者的旅游行为。

第二，从空间结构布局分析旅游生态限制类区域的发展，应该主要以"生态空间＋生活空间"的开发模式。遵循生态旅游开发理念，在保护中发展，减少对水源与植被的破坏，关注区域内旅游资源环境宏观稳定状态，严格监测区域内的生态状况，在严守生态保护线的同时，也要合理规划和布局带给旅游者美好体验的生活空间，尊重旅游者需求，并注意生活空间开发的适度性和适宜性，不能碰触生态红线。同时，限制约束不利影响，对区域生态产生消极影响的人类活动进行严格限制及约束，提高生态系统的生物多样性及自我调节能力。

（三）旅游优化开发类空间特征

1. 空间特征分析

旅游优化开发类区域为较低敏感区及中度敏感区，共占山东省总面积的70.95%，在全省境内分布均匀，其分别占总面积的30.04%、40.91%。且在低度敏感区域周围均有较低敏感区域呈包围式的分布。较低敏感区域和中度敏感区域，主要分布在平原地区，如鲁西北平原、鲁西南以及鲁中与鲁东搭界的部分地域。结合土地利用分类分析，较低敏感区域和中度敏感区域，以耕地为主，在全省的分布面积占比较大，在70%以上。这两部分区域的敏感性较低，以耕地为例，其是人类通过生产经营改造过的可以提供农作物的自然土壤，属于有着些许人类活动的自然生态系统。这两个区域，不宜进行大量开发，应当适当保护耕地、林地等生态环境，充分考虑当地生物的多样性，在生产经营过程中需要以生态环境承载力作为立足点，适度开发。

威海市的荣成市、青岛市的莱西市和平度市等以山丘为主的鲁东地区的中度敏感区域，传统旅游产业分布密度处于中偏下层级（二三层级），新型旅游产业分布密度处于中偏上层级（三、四层级）。在传统旅游产业方面，威海荣成市共有景区13个、星级酒店13家、旅行社4家，其中石岛赤山风景区是国家4A级旅游景区，拥有胶东半岛最早的佛院之一法华院以及中国最大的水石文化馆世廉雅石馆。青岛莱西市景区13个、星级酒店2家、旅行社3家，平度市有景区5个、星级酒店7家。在旅游新业态方面，威海荣成市有旅游强乡镇9个、旅游特色村20个、乡村旅游模范村3个，莱西市有旅游强乡镇5个、旅游特色村4个，平度市有旅游强乡镇5个、旅游特色村9个。

作为乡村旅游模范村之一的威海荣成市成山镇西霞口村，拥有国家 4A 级旅游景区成山头、西霞口神雕山野生动物园等。

较低敏感区中的潍坊市的寿光市、安丘市、昌邑市、青州市东北部，东营市的东营区、河口区、垦利区、利津县、广饶县等地，传统旅游产业以及新型旅游产业分布密度皆处于中偏下层级，在传统旅游产业方面，潍坊青州市共有景区 16 个、星级酒店 3 家、旅行社 5 家，其中具有 5000 余年的文明史青州古城是国家 5A 级旅游景区、国家历史文化名城；潍坊寿光市共有景区 9 个、星级酒店 2 家、旅行社 5 家；东营市利津县共有景区 2 个、星级酒店 1 家、旅行社 2 家。在新型旅游产业方面，潍坊青州市旅游强乡镇 3 个、旅游特色村 5 个、美丽田园 1 个、美丽休闲乡村 1 个、乡村旅游模范村 2 个；潍坊安丘市旅游强乡镇 4 个、旅游特色村 5 个、美丽田园 1 个、乡村旅游模范村 1 个。

2. 旅游发展方向

结合土地利用分类分析，中度敏感区域，以草地为主，在全省的分布面积占比最大。该区域存在一定的生态敏感性，属于有着些许人类活动的自然生态系统。较低敏感区域以耕地为主，在全省的分布面积占比较大。该区域为人类通过生产经营改造过的可以提供农作物的自然土壤，属于有着较多人类活动的自然生态系统。旅游生态优化开发类区域在全省所占面积最大，在该类型区域上旅游产业还有较大的发展空间。

在旅游发展方面，可采取以下措施。

第一，旅游生态优化开发类空间基本是以休闲、体验、保健、求知、娱乐、商务、情感维系等为目的的旅游活动，主要包括"旅游 + 农业"、休闲度假类、建筑、探亲访友（包括寻根旅游）、红色旅游、康体（中医药）旅游产品、养老、以科普、美食、宗教朝圣、地方戏曲和曲艺为依托的文化旅游类产品。此类空间的旅游活动参与度很高，除了资源的依托性，旅游接待设施的必要性和重要作用职务，还应结合其他产业的生产活动为此类旅游提供保障。旅游活动的参与者群体量非常大，参与旅游活动的类型也比较广泛，此类旅游空间的旅游环境承载力比较大，能够自我恢复能力强，因此可尽量满足旅游者对旅游接待设施的需求并适度进行生产建设，发挥旅游的经济关联和带动效应，提升区域经济发展。对旅游者也应进行生态文明建设的教育和引导，对破坏环境和阻碍生态发展的行为坚决予以抵制和制约。

第二，从空间结构布局分析旅游生态开发类空间的发展，应该主要以"生态空间＋生活空间＋生产空间"的开发模式。旅游开发与环境保护并重。一则要注意保护生态环境，为区域旅游可持续发展奠定良好的基石；二则充分地融合自然景观、地方文化及休闲体验，开展旅游活动，关注空间内旅游资源环境宏观稳定状态，监测区域空间内的生产对生态环境的影响，严守生态底线的同时加快旅游发展，缔造舒适的生产生活环境，较为全面地满足旅游业多方位的需要。

第三，适度均衡开发，科学合理布局。该类型用地不适宜进行大规模旅游建设开发，应适当保护草地园地等的生态环境，充分考虑到当地的生物多样性，在旅游开发管理过程中需要以生态环境承载力作为立足点，协调与平衡用地开发与环境保护之间的关系，适度优化开发。

第四，着眼乡村旅游新业态，致力特色多元发展。结合区域特色，因地制宜地发展农业公园、休闲农场、乡村营地、乡村庄园、乡村博物馆、乡村民宿等新型旅游项目。在乡村旅游的发展中要注意引导乡村旅游良性有序发展，提升乡村旅游品质。乡村旅游是旅游业与第一产业中农、渔、林等产业的有效结合，发展乡村旅游有助于带动农村经济增长、增加农民收入、加速新农村建设。但乡村旅游的飞跃发展也存在隐患，如食品安全、治安管理、卫生环境、出入交通等问题。2013 年山东省全面部署乡村旅游发展工作，集中打造"胶东渔家""沂蒙人家""水浒人家"等十大品牌，2018 年实施乡村振兴战略，提升乡村旅游现状。

（四）旅游重点开发类空间特征

1. 空间特征分析

旅游重点开发类区域主要为低度敏感区，占山东省总面积的 10.78%，集中分布在鲁西北平原、鲁西南及沿海地区。此外，在人口最多的临沂市、潍坊市和青岛市，其低度敏感性区域面积相对较多。从分布特征上来看，渤海湾及莱州湾的沿海地区分布集中，连片分布，其低敏感性区域主要分布在滨州市的无棣县、沾化区，东营市河口区、垦利区、东营区，以及潍坊市的市区、昌邑市、寿光市；其他地域，低敏感性区域以"簇"状零散分布，相对来说，其在西北平原和鲁西南平原的分布面积总和较大，其中分布面积较为集中的低敏感性区域位于菏泽市牡丹区、济南市区、临沂市临邑县、青岛市区等。

滨州市的无棣县、沾化区，东营市河口区、垦利区、东营区，传统旅游产业分布密度处于较低层级（一二层级），新型旅游产业分布密度处于中等层级（二三层级）。而处于低度敏感区的青岛市区的传统旅游产业以及新型旅游产业分布密度皆处于高层级，旅游业发展较好，青岛市南、市北、李沧三区共有景区 29 个、星级酒店 43 家、旅行社 62 家，分布较集中，且处于生态低度敏感区，未来依然可作为重要的旅游用地优先发展。

2. 旅游发展方向

低敏感区域主要为人类聚集地，以建设用地为主，高楼林立，人类活动痕迹明显。但是，其中也存在生态系统的构成，也会有一定的生态问题。作为低敏感区域，人类活动对其生态系统影响较小，可以承受很强的人为和自然环境的干扰，土地利用程度比较成熟，可以被用作多种用途的开发建设。

在旅游发展方面，可采取以下措施。

第一，旅游生态重点开发类区域适宜开展以休闲、体验、商务、求知、消遣娱乐等为目的的旅游活动，主要包括主题公园、工业、美食、研学、商务、健康（美容）、度假、购物旅游。其中，主题公园是围绕某一特定主题而设计的，集休闲、娱乐于一体的旅游多功能园区，山东省著名的主题公园有青岛东方影都融创乐园、青岛方特梦幻王国、潍坊富华游乐园、泰安太阳部落等。主题公园的参与者在体验园区主题文化的同时，满足了休闲、娱乐等多元化的需求。旅游生态重点开发类区域是生态低敏感区，针对该区域可进行旅游重点建设开发，在符合生态环境保护需要的基础上，挖掘地区文化特色，丰富旅游产品类型。

第二，从空间结构布局分析旅游生态重点开发类区域的发展，主要以"生活空间＋生产空间"的开发模式，完善旅游公共服务体系及基础设施建设。一则通过合理规划提高土地利用率，完善餐饮住宿、商品购物、休闲娱乐等旅游配套服务的建设；二则完善交通网络布局，加快旅游基础设施建设，提升旅游发展的保障能力。例如，在乡村旅游发展中，对各农家乐、渔家乐实施的"改厨改厕"（双改）工程，实为引导乡村旅游良性发展的良好开端。发展高质量的乡村旅游，有利于缩小城乡二元结构所造成的差距，促进区域经济社会的和谐发展。

随着山东省经济的迅速发展，旅游业在总体收入中的占比逐渐增加。旅游业的迅速崛起，给生态环境造成了一定的压力，其中不合理、过度的开发更是对自然资源的一种破坏和浪费。在利用 GIS 和 RS 相结合的生态敏感性综合分析的基础上，对山东省生态敏感性进行分级评价，为山东省旅游规划提供支撑和方向。此外，在旅游产业开发中，需要辩证地对待开发与保护两者直接的关系，结合各类用地空间格局分布的实际情况，合理开发、科学保护，将山东省划分为四个旅游空间结构类型，即旅游生态保护类、旅游生态限制类、旅游生态优化开发类、旅游生态重点开发类。在实现环境保护的基础上，保证人类的正常活动和生活，考虑到交通等便利条件，选择敏感性适中的自然景区进行开发。与此同时，将高度敏感性的区域制定政策规划，采取适当、科学的措施进行保护。以确保山东省旅游生态利益和经济利益的最大化，实现可持续发展。

表 6-1　山东省旅游生态空间结构特征分析表

序号	分类	敏感性等级	占山东省总面积	空间地域	空间发展对策
1	旅游生态保护类	高度敏感区	8.63%	济南市的长清区、章丘区、莱芜市；淄博市的沂源县、淄川区；潍坊市的临朐县、青州市；临沂市的蒙阴县、沂水县；济宁市的微山县；烟台市的牟平区、栖霞市以及招远市和龙口市的接壤地带；威海市的任城区；青岛市崂山区等	1. 适宜开展以体验和观光为目的的旅游活动，建议适度开展原生态观光游览、科学考察等生态旅游活动； 2. 从空间结构布局分析旅游生态保护类空间的发展，应该主要以"生态空间"的开发模式

（续表）

2	旅游生态限制类	较高敏感区	9.65%	济南市的历城区；泰安市的泰山区；济宁市的邹城市、泗水县；枣庄市的山亭区、峄城区；临沂市的平邑县、费县、莒南县、蒙阴县；烟台市的海阳市、蓬莱市、栖霞市、招远市等	1. 适宜开展以深度体验、求知、健康为目的的旅游活动，建议适度开展观光游览、野外探险、科学考察、登山、以历史遗迹等人文景观为依托的观光类旅游等以保护为主的生态旅游活动； 2. 从空间结构布局分析旅游生态限制类空间的发展，应该主要以"生态空间＋生活空间"的开发模式
3	旅游优化开发类	较低敏感区及中度敏感区	70.95%	威海市荣成市、青岛市的莱西市和平度市等；潍坊市的寿光市、安丘市、昌邑市、青州市东北部；东营市东营区、河口区、垦利区、利津县、广饶县等	1. 旅游生态优化开发类空间基本是以休闲、体验、保健、求知、娱乐、商务、情感维系等为目的的旅游活动，适度开展旅游＋农业、休闲度假类、建筑、探亲访友（包括寻根旅游）、红色旅游、康体（中医药）旅游产品、养老、以科普、美食、宗教朝圣、地方戏曲和曲艺为依托的文化旅游类产品； 2. 从空间结构布局分析旅游优化开发类空间的发展，应该主要以"生态空间＋生活空间＋生产空间"的开发模式； 3. 适度均衡开发，科学合理布局； 4. 着眼乡村旅游新业态，致力特色多元发展

（续表）

| 4 | 旅游重点开发类 | 低度敏感区 | 10.78% | 滨州市的无棣县、沾化区；东营市河口区、垦利区、东营区；潍坊市市辖区、昌邑市、寿光市；菏泽市牡丹区、济南市辖区、临沂市临邑县、青岛市辖区等地 | 1. 旅游生态重点开发类区域适宜开展以休闲、体验、商务、求知、消遣娱乐等为目的的旅游活动，主要包括主题公园、工业、美食、研学、商务、健康（美容）、度假、购物旅游；
2. 从空间结构布局分析旅游生态重点开发类区域的发展，应该主要以"生活空间＋生产空间"的开发模式，完善旅游公共服务体系及基础设施建设 |

三、山东省旅游生态发展对策

作为第三产业重要组成部分的旅游业，其规范有序发展对环境保护有重要意义，它不同于农业、林业等第一产业对生态空间的改造与干扰，也不同于制造业、建筑业等第二产业对环境的污染与破坏，旅游业的有序开发可实现对生态环境空间的保护与可持续发展。本书通过对山东省旅游综合实力及旅游产业分布进行梳理，并在生态敏感性分析的基础上对山东省旅游生态空间结构进行了研究，基于此，提出山东省在旅游产业发展中要高度重视生态敏感性。近年来，旅游生态空间的研究之所以日益成为旅游业界和学界研究的重点领域和热点领域，究其原因，其一，主要是因为旅游业的高速发展为经济的发展做出了突出的贡献，旅游产业的各种利益相关群体都以高度的热情投入旅游开发中来，因此旅游发展呈现突进模式，导致旅游生态空间问题突出。其二，旅游发展必须以生态空间为重要的依托资源，旅游大发展的态势与国家严格的土地管控政策矛盾凸显，旅游开发项目良莠不齐。更为重要的是，旅游开发的过程中因不能充分考虑当地生态敏感性，许多旅游项目的建设和开发违背了当地的生态敏感性类型，如在生态保护类区域进行过度的开发和建设不仅不能产生应有的经济效益，反而对当地生态影响较大，甚至产生难以恢复的破坏。为了山东省旅游业良性可持续发展，在前述对山东省旅游生态空间敏感性分析的基础上，本书提出实施区域管制、完善保障政策、坚持统筹发展和加强理念培育的对策。

（一）实施区域管控

山东省应积极探索合理的旅游区域管控制度，实现旅游区域主体功能突出、旅游景观功能明确、旅游接待设施功能完善的管控制度。山东省政府印发《山东省打好自然保护区等突出生态问题整治攻坚战作战方案（2018—2020 年）》。该方案要求，到 2020 年，全省自然保护区突出问题得到有效解决，坚决杜绝新增问题，45 个省级及以上自然保护区历史遗留问题得到有效管控。旅游建设开发均以土地为基本依托，而《全国国土规划纲要（2016—2030 年）》指出，要健全国土空间用途管制制度，将不同类型的保护地划分为严格保护、一般保护和可持续利用三种管控级别。山东省旅游生态敏感性地域类型的划分有助于根据各种不同类型的旅游功能定位，对不同地域类型进行分类指导和进行差别化的区域管制，对山东省旅游发展的区域管制应首先配套差异化的生态管制机制。基于生态敏感性，严格把控旅游用地的审批手续，政府在旅游用地政策上要实行差别化、分层次审批政策，严格审批流程。旅游生态保护类空间为高度敏感区域，对旅游开发和各类旅游活动等其生态体系以外的人类活动的抗干扰力和承受力很差，应明确规范该区域禁止与限制行为事项的标准，避免各类不利于生态环境保护的经济活动和社会生产，对该区域进行重点的生态保护；生态限制类地域类型发展中应侧重生态环境保护为主，适度协调生态保护与旅游发展的关系；旅游优化开发类是山东省占地最大的生态敏感性地域类型，旅游产业发展空间大，开发项目和类型可以多元化，但应注意开发和保护并行；旅游重点开发地域类型可以承受很强的人为和自然环境的干扰，土地利用程度比较成熟，可以被用作多种用途的开发建设。

另一方面，旅游项目监管和评价并行。推动建立健全生态功能区的管理与协调机制，特别是在生态敏感性较高的旅游生态保护类、旅游生态限制类区域应进行定期生态环境质量监测，评价旅游项目的生态发展状况。同时，编制旅游发展总体规划和年度计划，严格进行旅游项目开发建设和运营发展的管理。旅游区域管控的目标是实现整体效益的最大化，即经济效益和社会效益整体的最大化。根据生态敏感性建立立体化的旅游业，特别是旅游生态空间的管理体系，配套分层次差别化的生态管控机制，细化不同生态敏感性地域类型的发展约束条件，结合各类生态空间格局分布的实际情况，合理开发、科学保护。有效的区域管控机制应建立在明确生态空间类型和生态红线范围的基础之上，监督管理力度与项目总体评价要互为依托，合理评价与有效管控并重，明确管控单位、管制主体与管制职责，不能突破"生态底线"，触碰底线的旅游开发和建设要坚决取缔其开发和建设资格，并追究开发主体和监管主体的责任。

（二）完善保障政策

随着山东省经济的迅速发展，旅游业在总体收入中的占比逐渐增加。旅游业的迅速崛起，给生态环境造成了一定的压力，其中不合理、过度的开发更是对自然资源的一种破坏和浪费。因此，应完善山东的旅游生态空间管理体制，缓解许多生态旅游资源分属文化旅游、城建、园林、林业等部门多头管理的问题，旅游发展中的生态问题应实现统一领导和管理，出台相应旅游业可持续发展政策，特别是针对旅游业赖以生存和发展的生态空间问题，更应该秉承"保护优先、科学利用、绿色发展"的理念，实现"生产空间集约高效、生活空间宜居适度、生态空间山清水秀"的要求。

加强旅游法治建设，营造规范有序的旅游发展环境。在目前出台的一系列地方性的旅游行业规范性文件的基础上，还应制定相关的旅游生态保护法制制度，并保障执行部分责权明确、执行渠道通畅、执行手段完善、执行力度强劲，执行工具有效。同时，应根据山东省旅游发展现状和实际形势制定管理政策，提升旅游生态服务功能，增强旅游生态产品供给功能，建立旅游生态补偿机制，并探索不同层级的有效补偿模式，以确保山东省旅游生态空间健康有序发展；严格监管，制定专门政策，严守生态红线，坚决杜绝以农业旅游的名义改变土地用途的行为；在旅游发展过程中重视提质增效，使山东省旅游的发展呈现集约化、协调化，而不是粗放无序。

（三）坚持统筹发展

立足敏感性等级，统筹协调发展。山东省旅游生态空间结构基于生态敏感性等级分为旅游生态保护类、旅游生态限制类、旅游优化开发类及旅游重点开发类四类，各类旅游生态空间应遵循不同的发展方向，采用不同的发展措施，才能实现山东省旅游业健康可持续发展。在旅游开发和发展的过程中，山东省应统筹协调各个地域类型的发展，使各个地域类型在发展的过程中优势互补、扬长避短、因地制宜地选择适合自身地域特点和生态特点的发展路径和发展规模。统筹发展山东省四类不同敏感性等级的旅游生态空间地域类型，构建合理的山东旅游生态空间结构与格局。以高度敏感区为主的旅游生态保护类空间应开展低强度的原生态观光游览、科学考察等生态旅游活动，以较高敏感区为主的旅游生态限制类空间应适度开展观光游览、野外探险、科学考察、户外登山、以历史遗迹等人文景观为依托的观光旅游等类型的以保护为主的生态旅游活动。区域生态优化开发区开发与环保并重，发展农业旅游、康体旅游、红色旅游以及以美食、曲艺等为依托的文化旅游等融合类旅游项目。生态重点开发类旅游项目应挖掘地区文化特色，开展工业旅游、研学旅游、商务旅游、度假旅游、购物旅游等精品旅游活动。

山东省旅游区域发展应注意优化布局三生空间。以拥有较多山地、水域的高敏感等级的旅游生态保护类空间以及较高敏感的旅游生态限制类空间的旅游吸引物为核心，立足可持续发展，建设旅游生态空间。旅游生活空间、生产空间通过统一规划，主要设置中度及较低敏感区的旅游优化开发类空间以及低敏感区的旅游重点开发类空间，以现有的旅游强乡镇、旅游特色村、美丽休闲乡村、乡村旅游模范村等基础，打造旅游生态空间的旅游服务接待系统，涵盖住宿、餐饮、娱乐、购物、游憩、交通、信息等功能的旅游服务设施及公共服务设施。在旅游生产空间中，重点完善和建设旅游接待设施，促进山东旅游科学协调发展。旅游业的长远发展，其核心是提供高品质、满意的服务，而这离不开星级酒店、旅行社、交通等相配套的旅游接待服务设施的完善。旅游接待服务设施的建设与完善，有助于拉动建筑业、固定资产投资等发展，而区域经济的繁荣也为旅游接待服务设施的完善提供了条件。

另外，旅游服务设施的建设以及其数量、规模、档次的确定应根据区域经济发展情况以及旅游市场状况进行合理配置，如山东省五星级酒店的分布以青岛市最多，济南市、烟台市次之，该分布情况即符合市场需求，避免浪费和不必要的损失，实现资源的充分利用。

（四）加强理念培育

实现旅游产业的健康可持续发展，其关键在于旅游产业各相关利益主体的生态意识与环保行为，因此，在山东省旅游发展的过程中，针对旅游企业、旅游者、社区居民等相关利益主体的理念培育显得尤为重要。首先，加强旅游可持续发展的宣传，引导旅游企业在经营管理中遵循绿色低碳理念，将生态保护意识和方法融入旅游建设与经营各个环节，在经营中注重旅游生态敏感性，针对不同敏感性等级的旅游空间采取适应的开发和经营方式，在管理制度的制定中旅游企业应注重融入绿色生态的管理理念。其次，增强旅游者及社区居民的旅游生态空间保护意识。通过多种宣传和科普渠道，加强旅游者对生态重要性的认识，增强其对旅游生态空间的保护意识，减少不利于生态空间保护的活动，在享受自然的美好馈赠的同时，回馈自然以敬畏之心，共建人与自然和谐的空间。

要使生态旅游发展的理念深入人心，还应重视山东省旅游生态空间智库建设及旅游从业人员队伍建设。首先，应注意整合高校及研究机构资源，围绕旅游粗放型开发、生态失衡、环境破坏等问题，结合山东省旅游产业、生态空间、环境保护、社会经济等领域，开展相关科研工作，为山东省旅游产业的绿色健康发展服务。其次，应突出旅游专业人才建设的重要作用，提升旅游专业素质及服务水平，增加教育投入，提升国民素质。高质量的旅游可持续发展建设离不开人力资源的支撑，尤其是高素质的人才队伍的支撑。在旅游教育的过程中应贯彻国家生态文明建设的理念和思路，优化培养方案，做到生态知识与业务能力与素质培养并重，为山东省旅游可持续发展提供具有高水平专业素质的人才资源。

第七章 结论与展望

山东省在旅游发展的过程中要高度重视生态空间的敏感性。本书在对国内外相关文献进行梳理的基础上，研究分析了山东省旅游发展及旅游用地分布状况现状，构建了生态敏感性指标体系，对山东省旅游生态空间进行了敏感性研究，得出了山东旅游发展的四类生态空间类型，提出了山东省生态旅游发展对策。

一、研究结论

山东省具有利于旅游发展的优越基础条件，其地处黄河下游，位于我国东部沿海地区，区位优势显著。本书选取山东省为研究对象，通过构建山东旅游综合实力测评指标体系，运用层次分析法、熵值法等测算了2006～2016年山东省旅游综合实力测评，在此基础上分析了山东省旅游业发展现状、旅游产业分布，并通过旅游土地的产出率的测算分析了山东省各地市土地利用情况，测算结果显示部分地区旅游土地产出率低，土地利用粗放，利用效率低；部分地区旅游土地产出率高，旅游发展前景好但土地供应不足，生态压力较大。因此，在未来的旅游发展中应基于其生态现状科学利用，实现旅游可持续发展。

根据山东省经济和旅游发展现状，以山东省137个县（市、区）为最基本的研究单元，运用生态敏感性评价法，遵循科学性、合理性及一致性的评价原则，选取自然生态和社会经济作为山东省生态敏感性分析因子，结合自然生态和社会经济数据，自然生态因子选取高程、坡度、坡向、水域、植被覆盖和降水六个评价指标，社会经济因子选取道路和土地利用类型两个评价指标，构建了山东省旅游生态敏感性指标体系。利用 GIS 和 RS 技术，基于遥感影像、矢量及栅格数据等地理空间数据，进行空间分析和数据处理。使用 ArcGIS 地理信息系统软件，首先对选取的八个评价指标进行单因子评价，但由于单一指标属性表达的局限性，无法综合体现山东省整体生态敏感性状况。因此，利用加权叠加法在单因子分析的基础上，整合八个评价指标对山东省进行综合生态敏感性分析，进而得到山东省生态敏感性等级分布图。

研究结果表明，山东省生态敏感性处于中等水平，整体来看，高度敏感、较高敏感和中度敏感区域，呈圈层状分布；低度敏感主要以城镇集中地为主。其中，高度敏感区占山东省总面积的 8.63%，主要分布在鲁中山区和鲁东丘陵地区；较高敏感区占 9.65%，主要分布在鲁中山区和鲁东丘陵地带的周边；中度敏感区占 40.91%，以草地和园地为主，主要分布在鲁西北平原、鲁西南以及鲁中的部分地域；较低敏感区占 30.04%，以耕地为主，主要分布在鲁西北平原、鲁西南以及鲁中的部分地域；低度敏感区占 10.78%，集中分布在鲁西北平原、鲁西南及沿海地区。将山东省 16 地市及 137 个县（区、市）根据旅游产业发展水平与其生态敏感性现状进行叠加分析，得到山东省各地市"旅游＋生态"分布矩阵和各县（区、市）的"旅游＋生态"分布矩阵。基于生态敏感性分析结果并结合各类用地空间格局分布的实际情况，按照旅游业发展环境的生态特征将山东省按县级行政区单元划分为四个旅游生态空间类型，即旅游生态保护类、旅游生态限制类、旅游优化开发类、旅游重点开发类，这有利于指导山东省旅游开发与健康发展，并进一步提出来实施区域管控、完善保障政策、坚持统筹发展、加强理念培育等对策，为山东省旅游开发与健康发展及生态环境保护提供理论依据和实践路径。

二、研究展望

（一）研究不足

一方面，本书研究对象为山东省全省 16 地市，137 个县（市、区）范围的旅游生态空间结构和布局，在社会生态影响因子选取的过程中因研究范围较大，准确获取数据的难度很大，因此社会经济因子获取存在一定局限性，可以作为未来研究的拓展方向，以期在后续的研究中有更大的突破。

另一方面，山东省生态环境较为复杂，进行生态敏感性评价时综合考虑了自然生态与社会经济的因素，对后续山东省旅游生态空间结构发展分析具有一定的实际意义，但由于所涉及因素较多，在评价因子的选取中，存在一定的主观性。

（二）研究展望

对山东省旅游业生态敏感性空间结构的分析研究离不开对旅游业发展赖以存在的空间状况的研究。因为旅游生态空间中旅游用地的概念和内涵的界定学者们尚未达成共识，存在一定的模糊性，在前期查阅文献资料的过程中发现旅游用地研究难度很大，概念界定困难。因此，笔者在选题的过程中几经犹豫挣扎后，经查阅文献资料，努力克服畏难情绪，最终决定从区域角度对山东省总体土地资源及空间分布状况入手，按照旅游业发展要求，利用 GIS 和 RS 相结合的生态敏感性综合分析法，对山东省旅游生态敏感性进行分级评价，为山东省旅游规划提供支撑和方向。在旅游产业开发中，需要辩证地对待开发与保护两者之间的关系，结合各类用地空间格局分布的实际情况，合理开发与科学保护。在保护环境的基础上，保证旅游者的正常活动和生活，结合交通等便利条件，选择敏感性适中的区域进行开发；与此同时，将高度敏感性的区域制定政策规划，采取适当、科学的措施进行保护。

追求山东省旅游发展的生态利益和经济利益合理化的同时实现可持续发展。本书对山东省旅游业进行生态敏感性地域空间分类，以期在国家生态文明建设如火如荼的背景下能为山东省旅游业的可持续发展提供些许参考和助力。在今后的研究中应考虑获取更多的社会经济因子的相关数据，合理加入更多与旅游发展相关的社会经济指标，进行更全面深入的研究。

参考文献

[1] 朱东国，谢炳庚，陈永林. 基于生态敏感性评价的山地旅游城市旅游用地策略——以张家界市为例 [J]. 经济地理，2015，35（06）：184-189.

[2] 滕浩宇，王英伟. 现行项目景观生态评价方法研究 [J]. 内蒙古科技与经济，2014，（19）：60-61+64.

[3] 傅伯杰，刘世梁，马克明. 生态系统综合评价的内容与方法 [J] 生态学报，2001，21（11）：1885-1892.

[4] 韩亮. 县域小城镇土地资源优化配置评价指标体系研究——以河北省曲周县县城为例 [D]. 北京：中国农业大学，2002.

[5] John Davenport and Julia L.Davenport. The Iimpact of Tourism and Personal Leisure Transport on Coastal Environments: A Review [J].Estuarine, Coastal and Shelf Science，2006，67（1-2）：280-292.

[6] 后雪峰，屈清，李勇. 基于 GIS 的揭阳市传统村落空间分布特征研究 [J]. 广州大学学报（自然科学版），2017，16（05）：88-95.

[7] 赵景柱. 景观生态空间格局动态度量指标体系 [J]. 生态学报，1990（02）：182-186.

[8] 王甫园，王开泳，陈田，李萍. 城市生态空间研究进展与展望 [J]. 地理科学进展，2017，36（02）：207-218.

[9] 张月朋，常青，郭旭东. 面向实践的生态用地内涵、多维度分类体系[J]. 生态学报，2016，36（12）：3655 - 3665.

[10] 张宇星. 城镇生态空间理论初探 [J]. 城市规划，1995（02）：17-19+31+64.

[11] 王甫园，王开泳. 城市化地区生态空间可持续利用的科学内涵 [J]. 地理研究，2018，37（10）：1899-1914.

[12] 刘燕. 论"三生空间"的逻辑结构、制衡机制和发展原则 [J]. 湖北社会科学，2016（03）：5-9.

[13] 深悦，刘天科，周璞. 自然生态空间用途管制理论分析及管制策略研

究 [J]. 中国土地科学, 2017, 31（12）: 17-24.

[14] 詹运洲, 李艳. 特大城市城乡生态空间规划方法及实施机制思考 [J]. 城市规划学刊, 2011（02）: 49-57.

[15] 张合兵, 于壮, 邵河顺. 基于多源数据的自然生态空间分类体系构建及其识别 [J]. 中国土地科学, 2018, 32（12）: 24-33.

[16] 徐洁, 谢高地, 肖玉, 李娜, 江源, 陈文辉. 国家重点生态功能区生态环境质量变化动态分析 [J/OL]. 生态学报, 2019（09）: 1-11[2019-03-10].

[17] 皮泓漪, 夏建新. 生态功能区县域生态资产价值评估 [J]. 林业经济问题, 2019, 39（01）: 83-90.

[18] 迟妍妍, 许开鹏, 王晶晶, 张丽苹. 京津冀地区生态空间识别研究 [J]. 生态学报, 2018, 38（23）: 8555-8563.

[19] 李国煜, 曹宇, 万伟华. 自然生态空间用途管制分区划定研究——以平潭岛为例 [J]. 中国土地科学, 2018, 32（12）: 7-14.

[20] 侯鹏, 王桥, 杨旻, 李静, 翟俊, 蔡明勇. 生态保护红线成效评估框架与指标方法 [J]. 地理研究, 2018, 37（10）: 1927-1937.

[21] 朱琳, 程久苗, 金晶, 费罗成, 程建. "三生" 用地结构的空间格局及影响因素研究——基于 284 个城市面板数据 [J]. 中国农业资源与区划, 2018, 39（08）: 105-115.

[22] 刘继来, 刘彦随, 李裕瑞. 中国 "三生空间" 分类评价与时空格局分析 [J]. 地理学报, 2017, 72（07）: 1290-1304.

[23] 李明峰, 郭青海. 基于旅游生态位视角的漳州地区旅游空间格局研究 [J]. 中南林业科技大学学报, 2017, 37（11）: 177-181.

[24] 暴向平, 薛东前. 基于旅游生态位测评的关中地区旅游城市空间格局研究 [J]. 干旱区资源与环境, 2014, 28（06）: 189-194.

[25] 李细归, 吴清, 周勇. 中国省域旅游生态安全时空格局与空间效应 [J]. 经济地理, 2017, 37（03）: 210-217.

[26] 高凌浩. 区域旅游生态效率评价及空间效应分析 [D]. 广西大学, 2018.

[27] Ngom R, Gosselin P, Blais C. 2016. Reduction of disparities inaccess

to green spaces：Their geographic insertion and rec-reational functions matter[J]. Applied Geography，66：35-51.

[28] Ebenezer Howard 1898. Garden Cites of Tomorrow：A peaceful path to real reform[M]. London，UK：S. Sonnenschein& Co.

[29] Ali Belmeziti，FrédéricCherqui，Bernard Kaufmann. Improving the multi-functionality of urban green spaces：Relations between components of green spaces and urban services[J]Sustainable Cities and SocietyVolume 43，November 2018，Pages 1-10.

[30] 胡千慧，陆林. 旅游用地研究进展及启示 [J]. 经济地理，2009，29（02）：313-319.

[31] 余中元，李波，张新时. 全域旅游发展背景下旅游用地概念及分类研究——社会生态系统视角 [J/OL]. 生态学报，2019（07）：1-11.

[32]《关于支持旅游业发展用地政策的意见》解读 [N]. 中国旅游报，2015-12-11（002）.

[33] 胡千慧，陆林. 旅游用地研究进展及启示 [J]. 经济地理，2009，29（02）：313-319.

[34] 朱德举. 土地评价 [M]. 北京：中国大地出版社，1996.

[35] 苏子龙，袁国华，郑娟尔. 我国旅游产业用地分类研究 [J]. 中国土地，2017（04）：31-34.

[36] 徐勤政，刘鲁，彭珂. 城乡规划视角的旅游用地分类体系研究 [J]. 旅游学刊，2010，25（07）：54-61.

[37] 张娟. 旅游用地分类的探讨 [J]. 资源与产业，2008（01）：63-68.

[38] 周菲菲. 我国旅游用地分类与开发模式研究 [D]. 中国海洋大学，2010

[39] 赵宇宁，王占岐. 南昆山风景区旅游用地定级研究 [J]. 华北国土资源，2004，（06）：19-22.

[40] 欧阳安蛟，陈立定. 旅游风景区基准地价评估方法体系研究 [J]. 资源科学，2005，（03）：156-160.

[41] 黄细嘉，谌欣，王佳. 旅游用地经济效益与生态环境的集约度 - 协调度研究——以江西省国家级风景名胜区为例 [J]. 企业经济，2017，36（10）：

114-119.

[42] 马艺芳，韩海荣.旅游城市生态评价研究——以桂林市为例 [J].生态经济，2009，（05）：52-55.

[43] 李亚男.旅游用地集约利用评价研究 [D].河南大学，2010.

[44] 赵莹雪.珠海市旅游用地生态环境影响研究 [J].热带地理，2012，（04）：444-451.

[45] 王静.基于DEAP-2.1软件的姑婆山国家森林公园旅游用地效率评价研究 [J].经济研究导刊，2014，（19）：232-234.

[46] 罗峰.基于DEA方法的杭州城市旅游用地效率评价研究 [J].旅游论坛，2016，（02）：57-63.

[47] 赵晨迪.张家界市武陵源区旅游用地类型划分及其空间结构变化研究 [D].湖南师范大学，2015.

[48] 倪绍祥，陈传康.我国土地评价研究的近今进展 [J].地理学报，1993，（01）：75-83.

[49] 吴必虎，李咪咪.小兴安岭风景道旅游景观评价 [J].地理学报，2001，（02）：214-222.

[50] 梁田.美国农业旅游立法对我国"乡村振兴"法治建设的启示 [J].财经科学，2019（02）：119-132.

[51] 杨蕾.生态性旅游用地价值评估方法探析 [J].才智，2013，（19）：224-225.

[52] 余中元，赵志忠.旅游用地生态效应及调控研究框架设计 [J].生态科学，2013，32（04）：523-528.

[53] 赵娴昱，汤江龙，周龙泉.基于可持续发展思想的旅游用地开发探析——以湖南九嶷山地质公园为例 [J].安徽农业科学，2015，（05）：167-170.

[54] 杜倩，邵战林，底丽萍，李连涛.克拉玛依市旅游用地可持续利用评价研究 [J].现代城市，2017，（01）：50-52.

[55] 崔凤军，刘家明.旅游环境承载力理论及其实践意义 [J].地理科学进展，1998，（01）：86-91.

[56] 朱东国，谢炳庚，陈永林.基于生态敏感性评价的山地旅游城市旅游用地策略——以张家界市为例 [J].经济地理，2015，（06）：184-189.

[57] 保继刚.旅游地理学 [M].北京：高等教育出版社，1993：7.

[58]Hana Ayala. Resort Landscape Systems：A Design ManagementSolution[J]. Tourism Management，1991，12（4）：280－290.

[59] 曹建军，刘永娟.GIS 支持下上海城市生态敏感性分析 [J].应用生态学报，2010，21（07）：1805-1812.

[60] 禹艺娜.基于 GIS 的贵阳市环城林带生态敏感性评价与分区 [D].贵州大学，2017.

[61] 林涓涓，潘文斌.基于 GIS 的流域生态敏感性评价及其区划方法研究 [J].安全与环境工程，2005（02）：23-26+34.

[62] 钟静，杨国良，杜杰，蒋建强，周权锁，杨超光.九寨沟旅游区生态敏感性空间分布研究 [J].四川师范大学学报（自然科学版），2016，39（03）：432-436.

[63] 屈赛，林爱文，黎斌，贾文生.基于生态敏感性的庐山区生态旅游用地策略 [J].生态科学，2018，37（01）：164-170.

[64] Schindler D W. Detecting Ecosystem Responses to Anthropogenic Stress [J]. Canadian Journal of Fisheries & Aquatic Sciences，1987，44（44）：6－25.

[65] Ahmad A，Rawat J S，Rai S C. An analysis of the himalayan environment and guidelines for its management and ecologically sustainable development[J]. Environmentalist，1990，10（4）：281-298.

[66] Adams S M，Greeley M S. Ecotoxicological Indicators of Water Quality：Using Multi-response Indicators to Assess the Health of Aquatic Ecosystems[J]. Water Air & Soil Pollution，2000，123（1-4）：103-115.

[67] Benton T G，Grant A. Elasticity analysis as an important tool in evolutionary and population ecology [J]. Trends in Ecology & Evolution，1999，14（12）：467.

[68] Goyal R K. Sensitivity of evapotranspiration to global warming: a case study of arid zone of Rajasthan（India）[J]. Agricultural Water Management，

2007, 69（1）: 1–11.

[69] Swihart, R.K., Gehring, etal（2003）Responses of 'resistant' vertebrates to habitat loss and fragmentation: the importance of niche breadth and range boundaries. Diversity and Distributions, 9, 1–18.

[70] Hering D, Schmidt-Kloiber A, Murphy J, et al. Potential impact of climate change on aquatic insects: A sensitivity analysis for European caddisflies（Trichoptera）based on distribution patterns and ecological preferences[J]. Aquatic Sciences, 2009, 71（1）: 3–14.

[71] Walther G R. Community and ecosystem responses to recent cli mate change[J]. Philosophical Transactions of the Royal Society of London, 2010, 365（1549）: 2019–2024.

[72] Alvarez M C, Franco A, P é rez –Dom í nguez R, et al. Sensitivity analysis to explore responsiveness and dynamic range of multi –metric fish–based indices for assessing the ecological status of estuaries and lagoons[J]. Hydrobiologia, 2013, 704（1）: 347–362.

[73] Richard R, Casas J, Mccauley E. Sensitivity analysis of continuous –time models for ecological and evolutionary theories[J]. Theoretical Ecology, 2015, 8（4）: 1–10.

[74] Uchida M, Muraoka H, Nakatsubo T. Sensitivity analysis of ecosystem CO_2, exchange to climate change in High Arctic tundra using an ecological process–based model[J]. Polar Biology, 2016, 39（2）: 251–265.

[75] Shukla R, Chakraborty A, Joshi P K. Vulnerability of agro–ecological zones in India under the earth system climate model scenarios[J]. Mitigation & Adaptation Strategies for Global Change, 2017, 22（3）: 399–425.

[76] 王道华.GIS 在旅游业中应用研究及展望 [J].山东工业技术,2015(03): 169–170.

[77] 朱会义，何书金，张明.土地利用变化研究中的 GIS 空间分析方法及其应用 [J].地理科学进展, 2001（02）: 104–110.

[78] 朱瑜馨，张锦宗.基于 GIS 的聊城市土地利用动态变化与预测研究 [J].

安徽农业科学，2007（07）：2172-2173.

[79] 梁涛，蔡春霞，刘民，彭小雷.城市土地的生态适宜性评价方法——以江西萍乡市为例 [J].地理研究，2007（04）：782-788+859.

[80] 郭斌.基于 RS、GIS 的城市土地利用变化与生态安全评价研究 [D].陕西师范大学，2007.

[81] 田毅，吴克宁，郑新奇，黄勤，周雷.基于 GIS 的北京市海淀区土地利用强度三维定量评价 [J].山西农业大学学报（自然科学版），2009，29（06）：488-493.

[82] 白丽娜.基于 GIS 的城市土地利用综合效益评价研究 [D].吉林大学，2012.

[83] 李琳.厦门市土地利用变化及其驱动力分析 [J].地理空间信息，2017，15（02）：105-107+11.

[84] 黄端，李仁东，邱娟，施媛媛，刘建红.武汉城市圈土地利用时空变化及政策驱动因素分析 [J].地球信息科学学报，2017，19（01）：80-90.

[85] 孔邦杰.基于 GIS 的区域旅游资源与环境评价研究——以浙江省仙居县为例 [D].浙江大学，2004.

[86] 王晓峰，马耀峰.GIS 在生态旅游区信息管理中的应用——以宜君县福地湖旅游度假区为例 [J].西北大学学报（自然科学版），2003（02）：231-233.

[87] 贾科利.基于遥感、GIS 的陕北农牧交错带土地利用与生态环境效应研究 [D].西北农林科技大学，2007.

[88] 林森，田永中，刘心怡，王晓燕，高凡.基于 GIS 技术的旅游项目选址评价研究——以涪陵区蔺市镇梨香溪为例 [J].西南农业大学学报（社会科学版），2013，11（01）：1-5.

[89] 杨俊，那楠，席建超，葛全胜，李月辰.滨海旅游小镇旅游用地空间格局演变微尺度分析——以大连金石滩旅游度假区为例 [J].资源科学，2015，37（03）：465-474.

[90] 田文波，高馨.基于 GIS 的旅游小城镇生态敏感性分析——以二道白河镇为例 [J].四川建材，2018，44（02）：39-40.

[91] 吉倩妘. 基于 GIS 的生态敏感性分析与评价——以南京市汤山旅游度假核心区为例 [A]. 中国城市规划学会、东莞市人民政府. 持续发展理性规划——2017 中国城市规划年会论文集（05 城市规划新技术应用）[C]. 中国城市规划学会、东莞市人民政府：中国城市规划学会，2017：11.

[92] 李君轶，吴晋峰，薛亮，陈晓军. 基于 GIS 的陕西省土地生态环境敏感性评价研究 [J]. 干旱地区农业研究，2007（04）：19−23+29.

[93] 阳次中. 3S 技术支持下的黄山风景区生态地质环境敏感性分析 [D]. 合肥工业大学，2013.

[94] 周雨露，杨永峰，袁伟影，高俊琴. 基于 GIS 的济南小清河流域生态敏感性分析与评价 [J]. 西北林学院学报，2016，31（03）：50−56+62.

[95] 黄含吟. 基于 GIS 的惠东县寨场山森林公园生态敏感性分析 [D]. 中南林业科技大学，2016.

[96] 曹先密，陶钧. 基于 GIS 的环漏湖地区生态敏感性分析 [J]. 测绘工程，2017，26（09）：56−59.

[97] MALCZEWSKI J. Ordered weighted averaging with fuzzy quantifiers: GIS−based multicriteria evaluation for land−use suitability analysis [J]. Int J Appl Earth ObsGeoinf, 2006, 8（4）：270−277.

[98] Ahmadi F F, Layegh N F. Integration of artificial neural network and geographical information system for intelligent assessment of land suitability for the cultivation of a selected crop[J]. Neural Computing & Applications, 2015, 26(6): 1311−1320.

[99] NGUYENTT, VERDOODT A, TRANVY, et al. Design of a GIS and multi−criteria based land evaluation procedure for sustainable land−use planning at the regional level [J]. Agric Ecosyst Environ, 2015, 200（1−11）.

[100] Malmir M, Zarkesh MMK, Monavari S M, et al. Analysis of land suitability for urban development in Ahwaz County in southwestern Iran using fuzzy logic and analytic network process（ANP）[J]. Environmental Monitoring & Assessment, 2016, 188（8）：447.

[101] Ferretti V, Pomarico S. Ecological land suitability analysis through spatial

indicators: An application of the Analytic Network Process technique and Ordered Weighted Average approach[J]. Ecological Indicators, 2013, 34（11）: 507-519.

[102] Azizi A, Malekmohammadi B, Jafari H R, et al. Land suitability assessment for wind power plant site selection using ANP-DEMATEL in a GIS environment: case study of Ardabil province, Iran[J]. Environmental Monitoring & Assessment, 2014, 186（10）: 6695-6709.

[103] Boyd, S W and Butler, R.W.Seeing the forest through the trees: Using GIS to identify potential ecotourism sites in Northern Ontario. In L.C. Harrison and W. Husbands（eds）Practicing Responsible Tourism: International Case Studies in Tourism Planning , Policy & Development[M]. New York: J.Wiley& Sons, 1996, 380-403.

[104] Williams P W, Paul J, Hainsworth D.Keeping track of what really counts: Tourism resource inventory systems in British Columbia, Canada[A]. Harrison L C, Husbands W（eds）. Practicing Responsible Tourism: International Case Studies in Tourism Planning, Policy & Development[C]. New York: J. Wiley &Sons, 1996, 404-421.

[105] Berry, J.K. GIS in Island Resource Planning: A Case Study in Map Analysis. In Maguire, D.et al（eds）Geographic Information Systems:（2）Applications [M]. London: Harlow, Longman, 1991, 285-295.

[106] Culbertson K, Hershberger B, Jackson S, et al. GIS as a tool for regional planning in mountain regions: Case studies from Canada, Brazil, Japan and the USA. In M.F Price and D.I. Heywood（eds）Mountain Environments and GIS[M].London: Taylor & Francis, 1994, 99-108.

[107] 张宇星.城镇生态空间发展与规划理论 [J]. 华中建筑, 1995（03）: 9-11.

[108] 董雅文, 周雯, 周岚, 周慧.城市化地区生态防护研究——以江苏省、南京市为例 [J]. 城市研究, 1999（02）: 6-8+10.

[109] 关于"十三五"市县经济社会发展规划改革创新的指导意见 [Z] 2014-11-01.

[110] 关于划定并严守生态保护红线的若干意见［Z］.2017-02-07.

[111] 詹运洲, 李艳.特大城市城乡生态空间规划方法及实施机制思考 [J].城市规划学刊, 2011（02）: 49-57.

[112] 张合兵, 于壮, 邵河顺.基于多源数据的自然生态空间分类体系构建及其识别 [J].中国土地科学, 2018, 32（12）: 24-33.

[113] 魏小安.旅游用地八问 [J].旅游学刊, 2017, 32（07）: 11-14.

[114] 杨振之.旅游规划用地问题与用地创新 [J].旅游学刊, 2017, 32（08）: 1-4.

[115] 邬彬.基于 GIS 的旅游地生态敏感性与生态适宜性评价研究 [D].西南大学, 2009.

[116] 刘康, 欧阳志云, 王效科, 徐卫华, 苗鸿.甘肃省生态环境敏感性评价及其空间分布 [J].生态学报, 2003（12）: 2711-2718.

[117] 保继刚.北京旅游资源定量评价.北京旅游地理 [M].北京: 中国旅游出版社, 1989: 7-19.

[118] 张广海, 李雪.山东省主体功能区划分研究 [J].地理与地理信息科学.2007, 23（04）: 57-61.

[119] 周菲菲.我国旅游用地分类与开发模式研究 [D].中国海洋大学, 2010.

[120] 孙鹏, 曾刚, 尚勇敏, 等, 中国大都市主体功能区规划的理论与实践——以上海为例 [M].南京: 东南大学出版社, 2014.

[121] 谢彦君.基础旅游学（第四版）[M].北京: 商务印书馆, 2017.

[122] 潘华丽, 环境税背景下旅游经济与旅游生态环境效应研究 [M].济南: 山东人民出版社, 2015.

[123] 吴必虎, 俞曦.旅游规划原理 [M].北京: 中国旅游出版社, 2010.

[124] 邬彬.基于 GIS 的旅游地生态敏感性与生态适宜性评价研究 [D].西南大学, 2009.

[125] 保继刚.北京旅游资源定量评价.北京旅游地理 [M].北京: 中国旅游出版社, 1989: 7-19.

[126] 尹发能, 吕晓蓉.近30年来黄石市水域面积的动态变化研究 [J].湖

北师范学院学报（自然科学版），2015，35（01）：29-36.

[127] 孔祥元. 大地测量学基础 [M]. 武汉：武汉大学出版社，2010.

[128] 姜健，李阳，王永澍. 基于 DEM 的 6 种坡度提取算法的比较分析——以山东省青岛市为例 [J]. 测绘与空间地理信息，2018，41（02）：195-199+206.

[129] 赵莹雪，董玉祥. 旅游用地时空演变及其环境效应研究综述 [J]. 地理科学，2009，（02）：294-299.

[130] 郭昱彤. 基于 MODIS 影像的山东省植被覆盖时空变化研究 [D]. 山东师范大学，2017.

[131] 雷雨菁. 南雄丹霞梧桐自然保护区生态敏感性评价 [D]. 中南林业科技大学，2018.

[132] 刘晓东，刘荣堂，刘爱军，负旭疆，李新一，包海明. 三江源区草地覆盖遥感信息提取方法及动态研究 [J]. 草地学报，2010，18（02）：154-159.

[133] 李苗苗，吴炳方，颜长珍，周为峰. 密云水库上游植被覆盖度的遥感估算 [J]. 资源科学，2004（04）：153-159.

[134] 史娜娜，全占军，韩煜，王琦，肖能文，高晓奇. 基于生态敏感性评价的乌海市土地资源承载力分析 [J]. 水土保持研究，2017，24（01）：239-243.

[135] 陈茹. 基于生态敏感性分析的耕地后备资源开发研究 [D]. 中国地质大学（北京），2016.

[136] Hana Ayala. Resort Landscape Systems: A Design ManagementSolution[J]. Tourism Management，1991，12（4）：280-290.

[137] 刘家明. 生态旅游区旅游用地碎片化及其整合 [J]. 旅游学刊，2017，32（07）：9-11.

后 记

  本书撰写阶段正值笔者攻读博士期间，在书稿完成落笔的那一刻，我百感交集。写作的过程，压力与困难并存，执着和坚忍同在，陪伴我的既有萧瑟玄冬，亦有华月寒星。写作的过程自然是无比艰辛与痛苦的，但这样的经历中有良师的谆谆教导，有益友的悉心关怀，更有父母爱人和孩子的精神支持和情感慰藉。深深地感谢你们，谢谢你们支持我，让我在仰望星空时，灵魂并不孤独。

  首先，感谢我的导师张广海教授，本书在选题和多次修订的过程中，老师都给予了悉心的指导。张教授开阔的学术视野和深厚的研究功底给予我无尽的启迪。

  其次，要感谢我攻读博士期间的师兄师姐、师弟师妹，我们一起学习研究，一起探讨思辨，正是这样一个团结上进的集体给我的创作带来了灵感和勇气，和你们一起奋斗的岁月分外美好。

  最后，我要向我的父母、爱人还有我的孩子表达我深深的谢意。是你们在我彷徨时给我理解和支持，在我困惑时给我慰藉和疏导。你们给予我的温暖的家是我努力的源泉和动力，也让我有"进可攻，退可守"的潇洒与底气，正是这随时向我张开的温暖怀抱支撑我坚持完成了写作，我将用持续的努力来回馈你们无条件的信任和支持，亲情无价。

  本书的撰写完成只是我在旅游用地、旅游空间结构及旅游生态敏感性领域进行研究的开始，在未来我会以此为起点，更加深入和系统地开展这一领域的研究。

田敏

2019 年 3 月